Petite Bibliothèque de l'Enseignement pratique des Beaux-Arts

KARL ROBERT

TRAITÉ PRATIQUE

DE LA

MINIATURE

ORNÉ DE

DEUX BEAUX PORTRAITS

PAR

MM^{es} Jeanne CONTAL et Hortense RICHARD

H. LAURENS, Éditeur
6, RUE DE TOURNON
PARIS

TRAITÉ PRATIQUE

DE

LA MINIATURE

MACON, PROTAT FRERES, IMPRIMEURS

Jeanne CONTAL

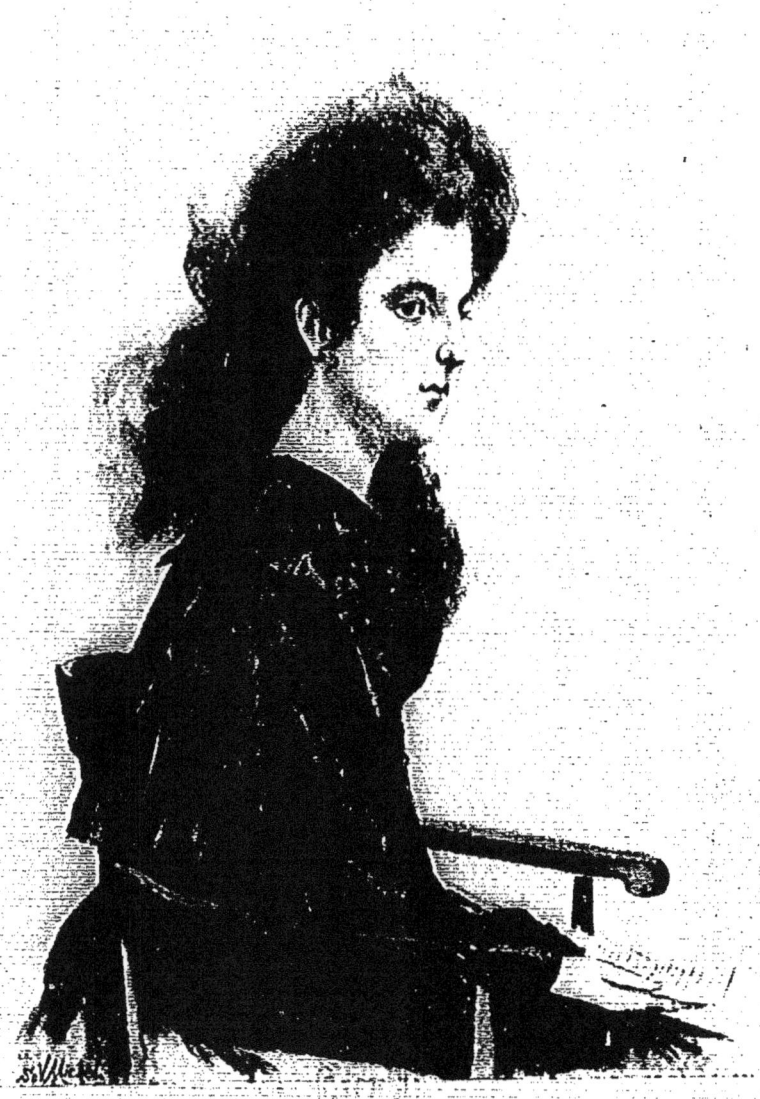

Étude

PETITE
BIBLIOTHÈQUE ILLUSTRÉE DE L'ENSEIGNEMENT PRATIQUE
DES BEAUX-ARTS
PUBLIÉE PAR ET SOUS LA DIRECTION DE
KARL ROBERT
Officier de l'Instruction publique.

TRAITÉ PRATIQUE
DE
LA MINIATURE

ORNÉ DE DEUX BEAUX PORTRAITS
Par MM^{es} Jeanne Contal et Hortense Richard

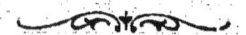

PRIX : 1 FRANC 50

PARIS
H. LAURENS, ÉDITEUR
6, RUE DE TOURNON, 6

1893

DE LA MINIATURE

TRAITÉ PRATIQUE
DE
LA MINIATURE

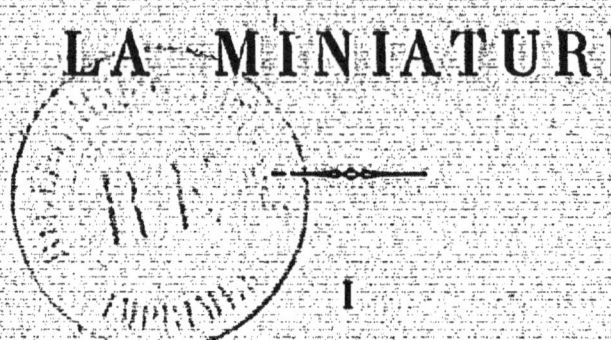

I

DE LA MINIATURE

..... « Si l'art était une simple imitation du vrai, toute représentation en miniature serait proscrite, parce qu'elle implique une contradiction entre l'éloignement que suppose la petitesse de l'image et le fini qui détruit l'idée de cet éloignement. Dès qu'un objet est représenté en petit, je ne puis le voir qu'en le rapprochant de mes yeux : mais, le voyant de près, je dois le voir nettement, car il serait absurde qu'il y eût de l'indécision dans un objet qui est tout proche de mon œil. D'un autre côté, comme il n'y a que la perspective qui rapetisse les objets, tout ce qui est plus petit que nature est censé vu de loin. Il y a donc une contradiction manifeste dans l'art du miniaturiste, puisqu'il rapproche, par la précision des formes, ce qui semble éloigné par la petitesse des proportions. Heureusement que la peinture est autre chose qu'une contre-épreuve du réel ; l'art est une belle fiction, qui nous donne le mirage de la vérité, à la condition que notre esprit sera complice du mensonge.

C'est donc une erreur de penser que le peintre en miniature doit traiter ses figurines comme si elles étaient enfoncées dans le tableau, séparées de nous par des couches successives d'atmosphère, et qu'il doit les faire fuir au moyen de couleurs légères et aériennes. Rien ne serait ici plus insipide qu'une exécution vaporeuse qui laisserait s'évanouir à nos yeux ce que nous serrons dans nos mains. Il en est des miniaturistes à peu près comme des pierres gravées. Le goût y conseille des tricheries heureuses, qui nous intéressent fortement aux traits essentiels en abrégeant tout le reste. Sur l'ivoire du miniaturiste, aussi bien que dans les intailles ou les camées du graveur, l'art doit exprimer beaucoup et avec peu. Pour cela, il faut que le peintre insiste sur les accents auxquels tient l'expression, qu'il mette en évidence les grands plans et se contente de glisser sur les autres. Resserré dans un petit espace, il s'interdira tous les traits inutiles, mais en revanche, il écrira vivement ce qui est décisif. »

Ch. BLANC, *Grammaire des arts du dessin*.

Le nom de miniature fut primitivement donné aux peintures des manuscrits; il provient du mot *minium* : en effet, jusqu'au dixième siècle, les lettres et les ornements qui seuls ornaient les manuscrits furent exclusivement peints en rouge. Plus tard, le nom de miniature fut conservé aux peintures exécutées par des mains plus habiles qui, ajoutant d'autres couleurs au minium, obtinrent des représentations se rapprochant de plus en plus des scènes que ces artistes voulaient rendre. A mesure que l'art des enlumineurs se perfectionna, on vit apparaître des peintres séculiers qui se livrèrent à la peinture des portraits, employant indifféremment les peintures à l'eau et la peinture à l'huile. L'Ecole des Clouet, si ce n'est eux-mêmes, peut être classée parmi les miniaturistes, et depuis le règne de Henri II jusqu'à la fin de celui de Louis XIV, on compte plus peut-être de miniatures peintes sur panneaux de bois ou métal, cuivre ou zinc, que de miniatures en gouache peintes sur vélin.

Les peintres d'histoire du xviie siècle s'adonnèrent aux portraits en miniatures et quelques auteurs ont même fait dériver, mais à tort, le nom de cet art précieux de celui du peintre Mignard qui, en effet, exécuta ainsi un certain nombre de portraits où son talent devait exceller. Non seulement en France, mais dans tous les pays, le goût des peintures de petite dimension se développa et l'Italie possédait, au xviiie siècle, une femme, La Rosalba, aussi célèbre par ses pastels, qui devaient enthousiasmer notre Latour, que par ses miniatures dont le charme de la couleur, la science de la composition dans les allégories, devait obtenir la vogue et les suffrages du monde entier. Le xviiie siècle devait faire abandonner complètement les miniatures peintes à l'huile pour les gouaches sur vélin et les portraits exécutés sur ivoire. L'essor avait été donné par Arlaud, de Genève, et bientôt le public se disputa les miniatures et les gouaches de Vivien, de Hall, de Saint-Aubin, de Coypel, de Boucher et de Chardin, de Darmancourt et de Garand. La Révolution n'entrava nullement l'art des miniaturistes, elle imprima seulement aux œuvres courantes un peu de la roideur de l'école de David. Mais c'est ici qu'éclate la supériorité de la peinture des portraits sur le genre, les vrais maîtres portraitistes ne subirent aucune influence, si ce n'est celle de la grâce et du goût exquis de l'arrangement des toilettes féminines. Aussi les miniatures de Saint, d'Augustin, d'Isabey, de Duchesne (de Gisors) et de Mme Vigée-Lebrun sont-elles de véritables œuvres d'art comme le seront encore à une époque mixte et qui passe pour une époque de transition sinon de décadence, celles de Mme de Mirbel et de Mme Herbelin, si justement réputées. Un excellent maître, Maxime David [1], conservait encore les traditions de la miniature, lorsqu'apparut le daguerréotype, puis la photographie, qui devaient, comme autrefois l'imprimerie, mettre un arrêt assez prolongé dans l'art de la miniature jusqu'au jour très prochain, croyons-nous, où la

1. Le musée de Laon possède une fort belle collection des œuvres de cet artiste.

perfection absolue de ces procédés ramènera le goût du public vers les œuvres originales du penseur et de l'artiste, et lorsqu'une époque possède des miniaturistes de l'ordre de Jeanne Contal et d'Hortense Richard, on peut dire que l'art est bien près de reconquérir sa place sur les procédés industriels.

Cela est logique à une époque où l'enseignement du dessin, pénétrant partout, faisant partie intégrante des études, forme ainsi le goût du public, ce qu'il est aisé de constater par l'affluence toujours plus considérable à nos expositions qui se multiplient d'année en année. Comment ce public, instruit maintenant, ne comprendrait-il pas la valeur réelle des miniatures qui fixent avec un charme infini les traits de nos êtres aimés en une œuvre d'art durable, alors que les procédés, si parfaits qu'ils soient, ne laissent rien après eux, pas même la ressemblance. Car, il faut bien le reconnaître, la ressemblance ne dépend nullement d'un arrêt momentané de la vie d'un individu, saisi au vol, mais bien d'une appréciation, d'une traduction réfléchie de l'esprit même des formes qu'il présente : et cela, l'âme seule d'un artiste peut le rendre, si son talent le sert bien.

Si nous descendons des hauteurs de l'œuvre d'art, nous pourrons dire encore que la miniature est un art d'agrément des plus charmants, même pour des mains moins habiles. Quoi de plus délicieux pour une mère de pouvoir fixer elle-même sur l'ivoire les traits du bébé blond tant aimé ! Que faut-il pour cela, un peu de volonté, quelques études de têtes d'expression, du goût, les conseils d'un bon maître, et cela pendant les années de jeunesse qui séparent la fin des études de l'époque du mariage. Ajoutez enfin que les études faites en vue de la miniature habituent la main à la précision, forment le goût en toutes choses et vous conviendrez aisément que ces études sont le complément nécessaire à toute bonne éducation.

II

L'OUTILLAGE DU MINIATURISTE

II

L'OUTILLAGE DU MINIATURISTE

Si dans tous ou presque tous les arts l'outillage est de peu d'importance, il ne saurait en être de même pour celui du miniaturiste. On le comprendra : de quelque tempérament que l'artiste soit doué, il se livre ici à un art précieux, dans lequel l'ordre et le soin sont de rigueur, et où il n'atteindra le but suprême de réussite que par une marche lente et sage. La préparation de la matière elle-même, sur laquelle il travaille, ne peut être confiée à des mains étrangères ; il doit, son œuvre terminée, la parer et la présenter lui-même, et jusqu'à la placer dans le cadre qu'il lui assigne ; toutes ces petites manutentions lui sont exclusivement réservées, tant il y a que plus l'œuvre est précieuse, et repose sur un subjectile délicat, moins il peut être confié à des tiers, dont l'attention peut être un moment distraite, au point de compromettre par un accident, toujours imprévu, un travail long et patient, une œuvre d'art inestimable. On voit par là combien le choix des outils dont se sert le miniaturiste est important, avec quel soin il doit être fait, d'autant que, s'usant très peu, ils doivent vivre avec lui de longues années, pour n'être quittés et remplacés qu'à regret. Dire avec Töpffer qu'ils deviennent des amis serait peut-être aller un peu loin, mais à coup sûr, ils deviennent des *habitudes* et sans vouloir philosopher, on pourrait dire qu'on change quelquefois plus difficilement de vieilles habitudes que de vieux amis.

Table et pupitre. — Nous conseillerons donc en premier lieu de travailler sur une petite table spéciale, et si l'on peut y adapter un pupitre de miniaturiste, ce sera mieux encore. Sur cette table, seront quelques godets, plutôt plats que creux, pour le mélange de certaines couleurs ; deux flacons ou godets creux avec couvercles pour recevoir l'un de la gomme arabique ou de la gomme turique, l'autre de l'eau filtrée parfaitement pure, à l'aide de laquelle on fera l'eau légèrement gommée. Un ou deux bons grattoirs en acier fin, dont nous ferons connaître l'emploi.

Palettes. — On peut se servir d'une palette en porcelaine ou d'une plaque de verre servant de palette, mais les palettes d'ivoire sont bien préférables ; je dis les palettes, car n'ayant pas facilement des plaques d'ivoire d'une certaine dimension, il est bon d'en avoir deux : l'une, pour les tons clairs, l'autre pour les tons sombres. Enfin, les palettes d'ivoire ont cet énorme avantage de présenter le ton dans l'aspect qu'il prendra sur le travail.

Les pinceaux. — Il ne faut pas craindre d'avoir un certain nombre de pinceaux fins et délicats en martre et petit-gris. Les premiers servent pour les teintes et les fonds ; les seconds, pour l'exécution et le modelé. Il faut choisir les pinceaux avec soin, et rejeter ceux dont les poils s'écartent à l'essai, cela est évident, mais il faut bien se rendre compte aussi que les pinceaux *se font* à la main qui travaille, et que ce n'est qu'au bout d'un certain usage qu'ils semblent réellement bons. Malheureusement, les pinceaux destinés à la miniature sont si fins et si délicats qu'ils s'usent vite : les tuyaux trempant constamment dans l'eau pour séjourner ensuite à la chaleur entre les doigts se fendent très facilement. Voici comment on remédie à cet inconvénient : on fait au bas de la fente une petite incision horizontale, afin d'éviter que la fente verticale se prolonge et l'on attache solidement le tuyau à la hampe, à l'aide d'un fil de soie ; les hampes doivent être en ébène. Les pointes de hérisson dont se servent encore quelques artistes sont trop légères, en plus, elles sont extrêmement pointues et dans un moment d'inadvertance on peut se blesser à la figure si l'on n'a eu soin de rogner cette pointe.

Des *ovales* en verre plat, de diverses grandeurs, évitent le tracé à chaque portrait différent ; cependant, il est rare qu'un artiste, lorsqu'il commence un portrait, sache bien la dimension exacte qu'il lui donnera, et s'astreigne à suivre une mesure déterminée d'avance ; aussi conseillons-nous à l'amateur de tracer, s'il veut, son ovale à l'aide d'un calibre de verre, afin d'avoir le placement de la tête, mais de ne plus trop se préoccuper du tracé, sauf à le rétablir lorsque l'œuvre est à peu près terminée. Presque toujours, il constatera qu'un calibre plus grand que celui qu'il avait préalablement adopté est nécessaire à bien faire valoir son travail et, comme on dit, à mettre de l'air autour du portrait.

L'Ivoire. — Il est indispensable de se préoccuper de la qualité de l'ivoire, de sa ténuité, de sa transparence. Il doit être d'un ton bleuâtre et veiné ; en l'examinant à la lumière du jour, on n'y doit point trouver de défaut, surtout à l'endroit où l'on se propose de placer la tête. Il ne faut pourtant pas s'exagérer la difficulté de ce choix de l'ivoire, car on n'est pas toujours près d'un débitant de cette matière et il faut bien s'en rapporter souvent au choix de son fournisseur. Hâtons-nous d'ajouter qu'aujourd'hui, les procédés de sciage sont perfectionnés, que les débitants, connaissant la clientèle qu'ils auront à servir, sont eux-mêmes très difficiles pour la réception de leur marchandise et par conséquent sont à même d'expédier des plaques sinon parfaites, au moins très satisfaisantes.

L'ivoire reçu, il faut encore le polir et le poncer au mieux ; ce qui se fait généralement au grattoir, pour faire disparaître toutes les aspérités, puis au tripoli de Venise ou mieux encore à la poudre de ponce impalpable, puis on l'essuie avec un chiffon de mousseline douce. On peut aussi nettoyer l'ivoire avec un peu d'essence maigre ou d'eau pure, à la condition de l'essuyer de suite avec un linge fin.

L'ivoire étant livré en plaques carrées, on a presque toujours à le tailler en ovale : cette opération ne laisse pas que d'être assez délicate, voici comment on s'y prend : on entame d'abord, à l'aide de ciseaux bien coupants, un coin de l'ivoire ; si l'ivoire s'effrite au lieu de se couper net, c'est qu'on n'est pas dans le sens voulu, qu'on n'en tient pas le fil. Il faut le retourner et par la même opération constater que cette fois on va couper dans le sens voulu. Supposons par exemple que le fil de l'ivoire se présente de bas en haut et de droite à gauche, arrivé au sommet de l'ivoire, on retournera la plaque (ayant eu soin de marquer le tracé des deux côtés, ce qui est aisé, en le présentant à la transparence d'une vitre), et l'on continuera à couper toujours de droite à gauche. Il est beaucoup plus prudent, surtout lors des premiers travaux, de couper l'ivoire avant de commencer ; mais il y a là un grave inconvénient, c'est que si l'on fait une erreur d'emplacement pour l'ébauche de la tête, il faut recommencer le travail, tandis qu'il suffira de placer l'ovale un peu plus à droite ou à gauche, ainsi qu'il sera nécessaire, si l'on fait l'opération une fois la miniature terminée.

LES COULEURS

Les couleurs employées pour la miniature sont les couleurs d'aquarelle ordinaires en tablettes, de préférence, et aussi quelques couleurs en écailles spécialement préparées à cet usage.

La palette du miniaturiste sera composée de la manière suivante :

Jaune de Naples.	T. de Sienne brûlée.
Jaune indien.	T. de Sienne naturelle.
Cadmium clair.	Teinte neutre.
Ocre jaune.	Brun Van Dyck.
Orangé de mars.	Brun rouge.
Rouge de Saturne.	Brun de Madder.
Vermillon.	Noir d'ivoire.

Parmi les couleurs en écailles :

Laque de garance rose.	Précipité d'or rouge.
Carmin.	Violet de mars.
Cobalt.	Vert de Cobalt.
Outremer.	Laque capucine.
Bleu de Prusse.	Vert émeraude.

Quelques pots de gouache.
Blanc d'argent.
Cendre verte.   Outremer.
Chrome clair.   Vermillon.
Laque rose.   Vert de vessie.

On peut également adopter les couleurs moites, mais il faut les prendre en godets plutôt qu'en tubes ; elles sont aussi plus fermes et tout en se rapprochant davantage des couleurs en tablettes, se délayent plus facilement. Enfin la miniature emploie une très petite quantité de couleurs, mais la surface de ces couleurs doit toujours être propre et nette, afin que les tons obtenus soient toujours très brillants ; nous ne saurions donc trop engager l'amateur à avoir une petite boîte toute spéciale et réservée à ce genre de peinture ; cela n'a l'air de rien, et a pourtant une réelle importance pour la bonne conduite et la facilité du travail. Un tel outillage est parfait pour le miniaturiste. Il doit cependant y ajouter un appuie-main formé d'une planchette montée sur deux petits cubes de bois de trois à quatre centimètres de haut, s'il veut travailler horizontalement ou sur le pupitre assez incliné. Si le pupitre doit être maintenu dans une position voisine de la verticale, on y placera l'ivoire à hauteur suffisante pour que le coude du bras droit porte sur la table, et l'on se servira d'un appuie-main de peintre, ordinaire ou en bois d'ébène. Mais rappelez-vous le, l'appuie-main est indispensable, car plus la touche est petite, plus elle doit être nette et ferme.

III

DE LA GOUACHE

III

DE LA GOUACHE

TRAVAUX PRÉLIMINAIRES

La miniature comporte toujours un certain travail de gouache, aussi faut-il ajouter à son outillage un pot de gouache blanche très pure et de belle qualité, qu'on peut mêler aux couleurs d'écaille ou d'aquarelle. Cependant, certaines couleurs sont mieux préparées en pots de gouache, et donnent des effets plus brillants que celles qu'on fait au moment de s'en servir; il en est ainsi de la *cendre verte*, des *laques* et du *vermillon* qui, préparées spécialement, sont plus solides. Nous avons vu de charmants portraits qui, touchés d'un point lumineux à l'extrémité du nez, ont fini par présenter un point absolument noir, provenant d'une mauvaise qualité de gouache blanche alliée à une pointe de rose et de vert peu solides. Évidemment pour nous, si l'artiste se fût servi de gouaches préparées, cet accident, qui dénature complètement l'effet, ne fût point arrivé. Il faut également avoir soin d'ajouter à la gouache un peu de mixture qui sert à la diluer, comme l'huile ou le siccatif des peintures à l'huile, si l'on veut éviter qu'elle n'écaille et tombe, et, pour les effets lumineux, ne poser les empâtements que par couches successives toujours additionnées de mixture. C'est ainsi qu'on obtiendra des tons vraiment lumineux et solides.

Maintenant, quels sont les exercices préparatoires à l'amateur qui, sans avoir par devers lui des études de fond, sait cependant déjà dessiner quelque peu? Le dessin, encore et toujours le dessin. Mais je n'entends point par là qu'il faille recommencer ses études, suivre un atelier, faire des académies; non, cela n'est nullement nécessaire. Le mieux est, à notre avis, d'aller au musée du Louvre, de bien examiner les dessins de Watteau, de Boucher, de Prudhon, de tous les maîtres précieux du xviiie siècle, dessins, en général, de petites dimensions et cependant d'une charmante originalité, bien qu'on y sente partout, avec le charme, les caractères et l'accent de la nature. Il n'y a pas à dire, le miniaturiste doit être de force à donner autant de charme à un portrait dessiné que lorsqu'il usera des ressources du coloris sur sa plaque d'ivoire. On a beaucoup médit des amateurs qui se servent d'une photographie pour la mise en place de leurs portraits : sans doute, il vaudrait mieux toujours opérer par un dessin préalable, exécuté d'après nature, et ce dessin reporté, le corriger encore et peindre devant la nature. En fait, cela n'est pas toujours possible, et si l'on était rigoureux de ce chef, bien des commandes resteraient en route, ce qui n'a nul raison d'être. A vous donc de faire le plus d'études d'après nature, de façon à en bien posséder l'esprit, pour que, si vous êtes obligé d'exécuter une miniature sur des documents donnés, fût-ce même une photographie, comme cela arrive si souvent, vous soyez à même de donner à votre interprétation un aspect le plus naturel possible. Vous y arriverez en notant au cours de vos études les caractères les plus saillants qui peuvent se présenter en observant comment ces caractères s'écartent plus ou moins de la forme typique, ce qu'on appelle la forme pure et de style. Il ne s'agit pas en effet de donner dans une miniature le style des grandes œuvres peintes ; non, ce que l'artiste y doit chercher, c'est, avant tout, l'aspect de vérité, et le charme souriant de la vitalité. Quel que soit le caractère où vous puissiez atteindre, si l'aspect du modèle représenté est maussade, une miniature ne saurait être sympathique. De même, la miniature ne doit pas aborder le portrait héroïque et il me sied mal d'y voir représenté le Napoléon de Wagram et d'Austerlitz. Je l'admettrai, si, avec Isabey, la miniature me représente le grand homme dans le charme de l'intimité de la Malmaison. Aussi la miniature est-elle par excellence, comme le pastel, la suprême expression du portrait de la femme et de l'enfant. La nature, ici, s'y prête merveilleusement, et pourvu qu'il sente profondément l'infini de ces charmes, l'artiste peut y atteindre la perfection absolue de l'œuvre d'art.

IV

LEÇON GÉNÉRALE

POUR L'EXÉCUTION DU PORTRAIT EN MINIATURE

IV

LEÇON GÉNÉRALE

POUR L'EXÉCUTION DU PORTRAIT EN MINIATURE

L'AQUARELLE ET LA GOUACHE. — L'ÉPARGNE
LES HACHURES — LE POINTILLÉ

Nous supposerons le miniaturiste assez habile dessinateur pour mettre en place un portrait d'après nature et même le modeler et l'exécuter entièrement en dessin sur le papier, et nous engageons l'amateur à pousser ce dessin aussi loin que possible. Sans doute, l'exécution d'un portrait consiste en une rectification constante de la forme et du dessin même, lorsqu'on est préoccupé de la recherche des tons. Mais, si par un premier dessin on possède déjà des contours bien purs et des plans nettement définis, les corrections seront moins nombreuses, l'aspect y gagnera en fraîcheur, particulièrement là où la gouache aura passé. Donc, nous ferons ce premier dessin aussi serré que possible, soit d'après nature, soit d'après les documents remis, dessin, gravure ou photographie, en lui donnant exactement la dimension et la forme que devra présenter la miniature. Il existe des dessins de ce genre trouvés dans les cartons de Prud'hon, et l'on y peut voir quel soin apportait le maître en ce travail préparatoire, puisqu'il les a poussés au point d'en faire de véritables chefs-d'œuvre.

Le report et le calque. — Le dessin fait, on le reporte à l'aide d'un calque. Si l'ivoire qu'on emploie est très transparent, un procédé assez simple est d'en faire un report à l'encre, et après l'avoir bien laissé sécher, de le placer sous l'ivoire ; on obtient ainsi un calque direct, ce qui donne plus de fermeté. De quelque façon qu'on ait préparé le travail, le trait s'exécute au crayon de mine de plomb n° 3, très finement taillé ; point de repentirs ou faux traits. S'il en est quelques-uns qu'on n'a pu éviter, on pourra les enlever au grattoir ou à la ponce. On doit apporter une modération extrême dans l'emploi du grattoir, s'habituer peu à peu à ce qu'il n'enlève que le trait ou la couleur en touchant le moins possible la surface de l'ivoire, autrement on le raye par place et la couleur s'y incruste plus profondément, ce qui nuit à l'effet d'ensemble. Si l'ivoire s'est graissé durant le travail, la ponce obvie à cet inconvénient, la sandaraque même suffit le plus souvent et lui est préférable, étant plus fine et ne grattant pas la surface de l'ivoire : c'est d'ailleurs avec la sandaraque seulement qu'on opère sur les peaux et les vélins.

Le trait de mise en place ainsi indiqué, uniformément, sans coups de force destinés à donner un effet ou un relief, ce qui serait ici plus nuisible qu'utile, on le diminue encore à l'aide de la mie de pain rassi ou de la peau de gant (dollage), afin qu'il n'en reste plus que juste ce qu'il faut pour voir la forme, puis on repasse ce trait, à l'aide du pinceau le plus fin, d'un trait de vermillon ou de laque. Bien que la laque sur l'ivoire soit d'un emploi plus difficile que le vermillon, on devra, ce nous semble, lui donner la préférence, parce que le trait à la laque disparaît plus complètement au cours de l'exécution.

De l'ébauche. — L'ébauche se fait à l'aquarelle, c'est-à-dire en lavant dans la teinte locale, et en dessous de la valeur définitive, chaque chose dans le ton qu'elle devra présenter. Pour la figure, on peut ébaucher les tons de chair par un mélange de vermillon ou de rouge de Saturne et d'ocre jaune ou de jaune indien, selon que la nature est plus ou moins montée en couleur ; on ajoute un peu de laque carminée dans les endroits les plus rosés : les mêmes tons additionnés de cobalt ou d'outremer léger donneront les demi-teintes et les ombres. On peut également employer pour la première teinte locale des chairs l'orangé de mars, couleur excellente qui, à elle seule, donne un ton de chair moyen qu'on peut modifier avec la garance rose, et, pour les demi-teintes avec les bleus et, dans les ombres, le brun de Madder et noir d'ivoire. Voilà pour l'ébauche commencée par les tons les plus clairs, ce qui, selon nous, est la manière la plus normale de conduire le travail. Certains artistes, cependant, commencent par masser les ombres. On emploie dans ce but la sienne brûlée, modifiée soit avec la teinte neutre et les bleus, soit, dans les parties les plus sombres, par le noir d'ivoire et le brun Madder. Ce mode de procéder a l'avantage de donner de suite l'effet et d'accentuer, dès l'abord, la ressemblance : il a l'inconvénient d'exiger une main extrêmement habile à la construction des plans sur lesquels on ne peut revenir sans le secours de la gouache, ce qu'il faut éviter pour le visage.

Autrefois, on faisait le fond d'un seul coup, soit avant, soit après l'exécution du portrait, par conséquent sans ébauche préparatoire. C'était là une erreur bien nuisible à la conduite du travail, car alors il est impossible de se rendre un compte exact des valeurs : de plus on ne doit pas oublier qu'un portrait, dès l'ébauche, doit présenter déjà l'*aspect* qu'il aura, lorsqu'il sera complètement terminé; pour avoir cet aspect, et aussi le caractère artistique qui convient, il ne faut donc laisser des blancs que là où ils auront un rôle à remplir pour l'effet d'ensemble. Avant de pousser plus avant dans la coloration des chairs, nous vous engageons à vous reporter plus loin et à voir ce que nous disons sur les fonds.

Nous devons aussi nous arrêter pour expliquer bien nettement les procédés dits de miniature à l'épargne, en hachures, au pointillé. Le nom de peinture à l'épargne s'applique aux deux autres procédés, car on l'appelle ainsi lorsque l'artiste réserve pour les lumières la transparence même de l'ivoire ou du vélin. Il ne se sert donc point de gouache pour les rehauts de lumière. Procéder en hachures consiste à conduire le travail par une série de petits coups de pinceau parallèles, parfois entrecroisés. Ce moyen est excellent pour indiquer les coups de force et les fermetés, pour accuser les différents plans ; il est surtout applicable aux portraits d'homme, auxquels il ajoute en caractère, en énergie. Mais, avons-nous dit, on doit peindre selon la nature des choses, aussi le faire au pointillé qui consiste à juxtaposer une série de petits points de plus en plus faibles à mesure qu'on approche de la lumière, sera-t-il préférable pour peindre le visage où dans la nature, en effet, la coloration des chairs, la peau même se présente pour ainsi dire en une série de points colorés et juxtaposés. Ce travail du pointillé s'obtient au pinceau fin, à l'aide duquel, prenant de sa teinte locale, on martèle de petits points juxtaposés, soit ronds, soit de forme oblongue, soit aussi en imitant certaines tailles courtes de la gravure, mais très finement, pour ne pas rentrer dans le faire en hachures. Ce sont les entrecroisements de ces tailles infiniment petites qui donnent le pointillé.

Au vrai, ces trois procédés doivent être conjointement employés pour un portrait, car il faut bien nous rappeler que nous exécutons ici un travail minutieux, destiné à être vu de près, de très près, souvent même à la loupe, et que plus ce travail sera fin et délicat, plus le faire en sera varié, plus il aura de variation et de charme. Donc, il est nécessaire de peindre les chairs délicatement et au pointillé, en hachures et plus largement les accessoires et les fonds.

De la teinte locale. — Il existe pour chaque individu, homme, femme ou enfant, une teinte locale qui peut se ramener à des principes généraux analogues à ceux que nous venons de donner pour l'ébauche et qu'on n'aura ensuite qu'à modifier selon la nature même de chaque personne, plus ou moins brune, jeune ou plus âgée, mais en partant toujours de la base indiquée, sauf à forcer en clair ou en vigueur. Ainsi, pour un portrait de jeune femme ou d'enfant, les plus séduisants qui soient à faire assurément, l'ébauche se fera de laque et de vermillon, de cobalt et de jaune indien ; l'orangé de Mars, avons-nous dit, peut remplacer le vermillon ; mais pour un portrait de femme plus âgée, pour un portrait d'homme, on donnera la préférence au rouge de Saturne ; pour un vieillard, on emploiera le brun rouge, et l'on reviendra par les mêmes tons sur ceux de l'ébauche jusqu'à finition complète. En tout ceci, rien d'absolu, bien entendu, mais si nous donnons cette distinction dans l'emploi des couleurs, c'est pour vous indiquer la marche à suivre, vous aider à trouver vous-même le ton local selon la nature du modèle que vous avez à rendre.

Enfin, sur cette teinte locale, il est une chose dont il faut aussi tenir grand compte, ce sont les reflets qui donnent même aux lumières des tons bleutés, violets et quelquefois verts tendres. On peut, dès l'ébauche, les indiquer par un pointillé dans ces couleurs.

Des diverses parties du visage. Le front. — Nous avons dit que l'ébauche doit donner l'aspect général du portrait, de façon qu'en l'éloignant ou en clignant fortement des yeux, on puisse le croire terminé. A cet état, le front sera presque toujours la partie la plus lumineuse : il faut donc en conduire l'exécution en pleine lumière, de telle sorte que les demi-teintes, modelées avec les bleus, les bruns et les jaunes, produisant des tons à reflets bleus ou verts, reposent toujours sur des tons de laque ou de vermillon qu'ils laisseront transparaître. Comme les cheveux seront d'un ton local plus vigoureux, qu'ils soient blonds, bruns ou même blancs, on devra modeler le front plus loin que la racine même des cheveux, afin d'avoir la légèreté de l'attache de ces cheveux, et la transparence de la chair à leur naissance.

Les yeux. — « L'œil étant bien massé par l'ébauche, dit Constant Viguier, quand l'ensemble en a été vérifié, corrigé, il faut procéder au travail de miniature proprement dit avec une attention d'autant plus grande, que la plus légère faute dans cette partie de la figure peut nuire beaucoup à la ressemblance, et qu'il faut l'enlever immédiatement au grattoir pour la refaire Toute retouche de correction étant impossible par d'autres tons, on devra bien prendre garde d'altérer le trait que l'ébauche accuse encore ; il faudra le conserver avec assez d'art, pour qu'on le sente, pour qu'on le devine plutôt que de le voir distinctement. On se gardera bien surtout de commencer le travail de l'œil par un trait de vermillon pour dessiner les paupières et le contour de l'orbite.

Il faut ombrer d'abord le dessous des sourcils d'une teinte de rouge de Saturne ou d'orangé de mars mêlée de laque de garance rose, que l'on pointille, même sur la place que couvriront les sourcils, que la teinte rose soit posée de manière à bien conserver la forme et la direction des sourcils et de leur épaisseur ; elle doit se fondre, et passer d'une manière insensible dans la demi-teinte bleuâtre qui couvre les tempes.

Quand on a déterminé le ton local des paupières, on l'emploie à dessiner les parties de l'œil, en ajoutant un peu de laque vers les extrémités, pour les rendre violâtres, et un peu de brun rouge pour ombrer l'épaisseur de la paupière supérieure.

Si le ton local de la paupière inférieure est ordinairement plus coloré, l'épaisseur recevant le jour qui glisse dans toute sa longueur sera plus claire que la paupière même ; on la fera de laque rehaussée d'ocre dans les demi-teintes passant à la lumière. Si la carnation générale du portrait est claire, il faut n'employer que peu de laque, et plus d'ocre dans les demi-teintes et le clair.

On ne doit s'occuper des sourcils que lorsque l'ensemble de l'œil est terminé. Quant aux cils, les bons maîtres n'en accusent l'effet ou plutôt la masse que dans des ouvrages d'une plus grande dimension.

Le blanc de l'œil ne doit pas avoir trop d'éclat; sa forme sphéroïde et son abritement sous les paupières y motivent une demi-teinte et des reflets très clairs, à la vérité, mais qui ne le teintent pas sensiblement comme on s'en convaincra bientôt par un examen attentif. Loin d'être d'un blanc intense, il vise ordinairement au jaune, au bleu ou au vert, et cette tendance exprimée par une demi-teinte d'une grande finesse, sans nuire à son éclat, que les parties ombrées et caves qui l'environnent font suffisamment valoir, est d'une grande ressource pour l'harmonie générale de la tête.

Il faut réserver le blanc pur pour la pupille, sur l'endroit de l'œil où le jour scintille d'une manière énergique. Le blanc de l'œil se fait généralement d'un ton léger d'ocre pour la teinte locale et les demi-teintes, et d'outremer dans la portion tournante. La laque sert à retoucher les glandes lacrymales, préparées d'abord de vermillon touché d'ocre jaune pour les clairs; mais il faut employer la laque avec beaucoup de discrétion, car cette couleur trop dominante dans le travail des yeux, leur donnerait un air malade ou larmoyant.

La prunelle doit être traitée avec esprit et liberté; le chatoiement qu'elle produit peut embarrasser l'artiste dans la recherche du ton local et la position des reflets et des ombres. Elle se prépare ordinairement d'outremer, ou de bleu de Prusse, dont le ton verdâtre convient mieux quelquefois, de brun Van-Dyck ou brun madder et de Sienne brûlée. Il ne faut pas craindre de donner beaucoup de vigueur à la rétine, car l'examen de la nature montre ses tons plus foncés que ceux des ombres les plus fortes de la tête. Il faut ménager les clairs avec soin et donner beaucoup de vérité au ton du reflet opposé au point visuel qui doit être franc et brillant. On ne doit s'occuper des points lumineux que lorsque les yeux sont achevés. Quelques artistes même ne les placent qu'en terminant le portrait. Il faut, à cet effet, bien garnir de blanc un pinceau dont la pointe soit parfaite, et déposer la couleur perpendiculairement, de manière à ce qu'elle forme en séchant un point arrondi, et dans une saillie parfaite, selon l'ensemble à obtenir. »

Ainsi s'exprime Constant Viguier dans son excellent ouvrage et si j'ai cité le passage en entier, c'est pour bien montrer au lecteur quel soin méticuleux doit présider aux travaux du miniaturiste, et comme les maîtres d'autrefois y étaient précieux et réfléchis.

Le nez, la bouche, le menton, les oreilles. — Ayant expérimenté les conseils ci-dessus donnés pour l'exécution des yeux, on en déduira facilement celle du nez, de la bouche, du menton et des oreilles, puisque les tons de chairs ayant une base générale, on n'aura qu'à modifier cette base selon les plans et les reflets. C'est donc surtout, en réalité, par la forme et le dessin qu'on doit attacher une grande importance à l'observation de la nature. Chacun des détails du visage concourt au caractère du portrait, et ce caractère dépend, sachez-le bien, du dessin, bien plus que de la couleur, un coin relevé de la bouche en change l'expression et la physionomie, il n'est pas jusqu'à l'oreille qui ne varie selon chaque individu à ce point que seule elle suffit à le faire reconnaître entre mille. Nous ne voulons pas nous arrêter à l'exécution, afin d'éviter les redites, puisque la teinte locale est connue, qu'il nous suffise de dire qu'à cette teinte on ajoutera des bruns pour les ombres mêlés de bleus, de préférence pour les portraits d'homme, de laque pour les portraits de femme et d'enfant. Dans les coins de la bouche, les parties sanguines du nez, des oreilles, il ne faut pas craindre une touche franche de vermillon, sauf à l'atténuer lorsque, le portrait étant terminé, on en revoie l'ensemble pour en affirmer l'harmonie.

Les nus. — Les nus, soit le cou, la poitrine, les bras s'exécutent également dans les mêmes teintes, pour les bras surtout souvent plus colorés que le visage. Il faut tenir compte cependant que cette théorie dérive de l'effet à obtenir et de l'harmonie d'ensemble exigés dans un portrait, car la nature ne présente pas ainsi les choses, il s'en faut : la poitrine et les bras, recouverts de vêtements dans la vie quotidienne et momentanément mis à nus, sont plus décolorés que le visage, et chez les femmes et les enfants surtout, plus mats et plus blancs. A l'artiste donc de les

Hortense RICHARD

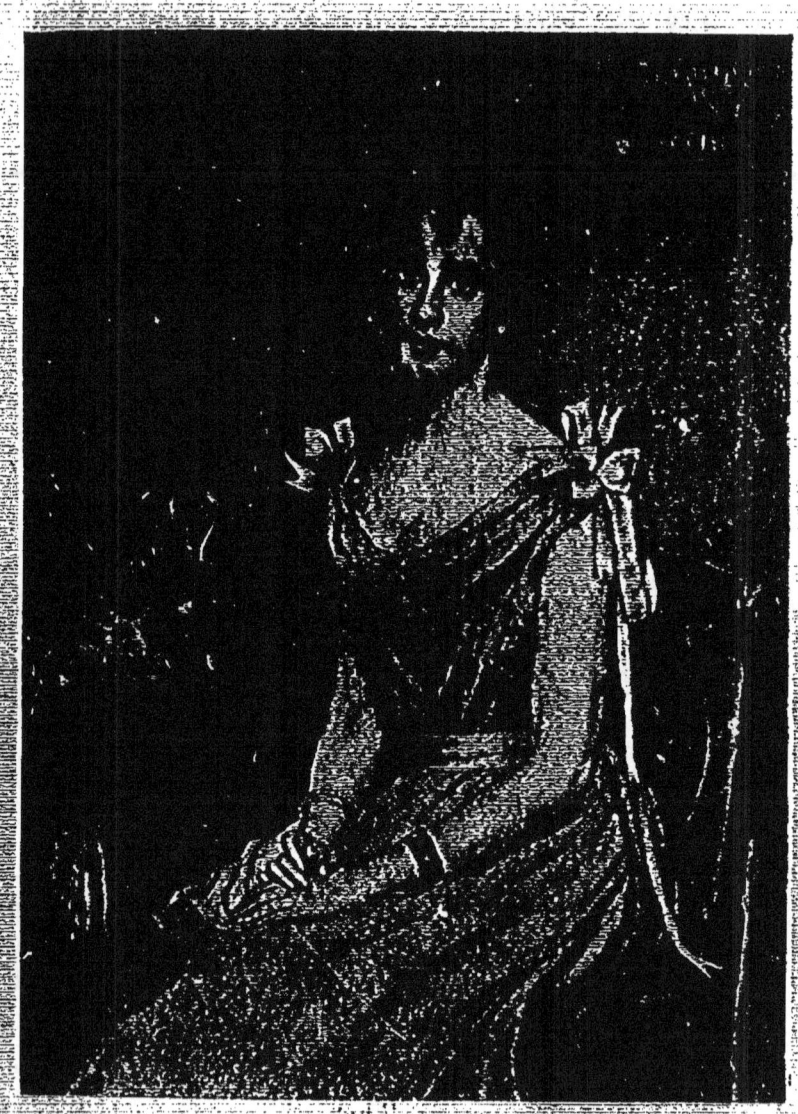

Portrait de Mlle C. M.
Salon de 1892.

traiter dans cette couleur, tout en observant le principe du sacrifice de la valeur générale du ton destiné à faire ressortir l'effet du visage.

Les mains. — Il n'en est point de même des mains accompagnant un portrait qui doivent être dans une valeur plutôt vigoureuse et sacrifiée au point de vue des colorations, afin de ne point attirer l'attention du spectateur au détriment de la figure. Mais observez les maîtres, et vous y constaterez que, si peu faites qu'elles soient, les mains sont toujours d'un dessin pur et correct. Sans doute, la touche en est plus large, les hachures y sont plus distancées, mais la construction et la forme toujours respectées. A mon avis, le travail du pointillé y doit être banni, même dans les travaux les plus fins, si l'on ne veut tomber dans la mollesse et la déformation qui en est la conséquence fatale.

Les cheveux. — Ici encore, je me contenterai de transcrire textuellement les indications de Colistant Viguier, si précises, et dans lesquelles ont puisé tous ceux qui ont écrit sur la matière, sans rendre hommage à l'auteur.

« Il faut, dit-il, les masser avec grâce et légèreté ; l'ébauche a dû se faire à l'aide d'un frottis léger, peu coloré. Il faut passer la racine dans le travail des chairs (dont on a recouvert la place où ils sont implantés) par une demi-teinte pointillée, bleuâtre ou chaude, pour l'ombre portée des cheveux.

Les cheveux ne s'ébauchent ordinairement qu'après que le portrait est esquissé ; on doit, de préférence et pour obtenir plus de légèreté, ménager les brillants qui, par ce moyen, auront toujours beaucoup plus de transparence et d'éclat, que si l'on employait la gouache, procédé plus expéditif qui ne nécessite pas les réserves de travail et le ménagement des chairs.

Quand on veut gouacher les chairs, on peut les couvrir de la teinte locale, et lorsqu'elle est bien sèche, on ajoute aux couleurs qui la composent du blanc ou du jaune de Naples, peu gommés ; à l'aide de ce mélange de gouache, on rehausse franchement les clairs, et le chatoiement des boucles de cheveux, ainsi que les mèches qui se détachent sur le fond, pour lesquelles la gouache est presque indispensable.

Cheveux blonds. — Après en avoir retouché le trait avec du mars bistre (brun madder très léger), on les couvre d'une teinte générale d'ocre jaune, de laque et de noir, on ébauche les ombres, et l'on masse les boucles avec du mars bistre, de l'outremer et du noir (toutes ces couleurs très étendues d'eau bien entendu); les lumières reçoivent un pointillé aqueux d'ocre jaune, que l'on fond en arrivant aux clairs; on couvre ces clairs d'un glacis ou eau colorée d'ocre, et l'on rehausse de blanc et d'une pointe d'ocre ou de jaune de Naples, glacé d'une eau de jaune doré, si les brillants n'ont point assez d'éclat. On repique les vigueurs avec du précipité et du mars bistre gommés, et l'on couche d'espace en espace quelques glacis d'outremer dans les demi-teintes, pour donner de la finesse et du flou à ces cheveux.

Cheveux châtains. — Les cheveux châtains s'ébauchent de mars bistre (brun madder), de noir et d'une pointe d'outremer pour les ombres; de terre de cassel (brun Van Dyck) et de bistre pour le ton local; les lumières réservées; les creux repiqués de précipité et de noir; les lumières, glacées de nouveau d'une eau colorée d'ocre que l'on brunira de mars bistre, si les places lumineuses sont trop grandes ou trop étendues et que l'on rehaussera de blanc si les lumières n'ont pas assez d'éclat ou si elles manquent de chaleur.

Cheveux noirs. — Les cheveux noirs demandent pour l'ébauche du ton local du noir et du brun rouge ou du mars bistre[1]; les vigueurs se repiquent de noir pur et d'une pointe d'outremer ou de précipité bien gommé; les clairs réservés se pointillent de noir affaibli et le brillant, ou partie lumineuse des boucles, est produit par l'ivoire qu'on réserve à cet effet, ou par des retouches de blanc mêlé de brun rouge, d'ocre, d'outremer ou d'indigo, rehaussés ensuite de blanc pur peu gommé, ou mêlé d'une pointe d'outremer; les mèches ou boucles qui se détachent sur le fond, se gouachent avec la teinte des clairs, après que le fond est amené au ton désiré et entièrement fini.

Cheveux gris. — Le ton local des cheveux gris s'ébauche d'un frottis de bistre et de noir pour les ombres; les demi-teintes qui sont verdâtres ou jaunâtres se font de noir et d'outremer; les lumières se glacent d'une eau d'ocre et d'ou-

1. Dans toute la citation, le mars bistre sera traduit par une des deux couleurs brun madder ou brun Van Dyck, ou mieux encore un mélange de ces deux couleurs.

tremer ; on repique les vigueurs de précipité rouge et de mars bistre. La terre de Sienne sert aussi à réveiller les reflets.

Ces trois nuances peuvent se modifier à l'infini, suivant le modèle, le mode d'exécution ne varie guère. Il faut, autant que possible, ébaucher d'une teinte générale, et ménager les clairs pour faire servir le blanc de l'ivoire aux lumières plutôt que d'employer les rehauts de la gouache ; ils n'ont jamais, dans les cheveux, autant de légèreté, ni de finesse ; mais ils offrent une grande économie de temps. »

Ces conseils sont applicables à l'exécution des moustaches, des sourcils et de la barbe. On remarquera que l'auteur, tout en répudiant l'emploi de la gouache autant qu'il le peut, indique souvent le blanc ou l'alliage du blanc aux couleurs, pour les rehauts de lumière. C'est qu'en effet la gouache est d'un usage constant, surtout chez les maîtres du xviii° siècle et, qu'employée ainsi pour les rehauts, elle donne à l'exécution une liberté dont il serait bien inutile de se priver pour le simple plaisir de rester attaché à une théorie et cela toujours au détriment du résultat final.

DES DRAPERIES ET DES VÊTEMENTS. — DES ACCES-
SOIRES ET DES FONDS.

Les draperies et les ajustements du costume, les accessoires, qui en aquarelle doivent être traités légèrement et en partie sacrifiés, exigent en miniature une exécution plus soutenue. Je ne crois pas qu'il y ait lieu de nous arrêter ici longuement sur la composition de ces tons, car l'amateur, bien en état de rendre une figure, ne saurait éprouver de bien grandes difficultés à peindre les draperies. Quelques mots concernant les étoffes bleu foncé nous devront suffire, nous les ferons suivre seulement de quelques observations sur la nature des étoffes et des accessoires divers qui peuvent accompagner un portrait.

Les draperies, en général seront peintes à l'aquarelle, rehaussée de gouache dans les lumières. C'est toujours un travail un peu long si l'on veut arriver à de grandes intensités de tons, pour les velours noirs et bleus foncés par exemple. Mais aussi quel charme et quel velouté, si l'on a su revenir, par des travaux successifs, jusqu'à complète intensité de ces tons. Les draperies bleues s'exécutent avec des bleus composés, outremer, cobalt et bleu de Prusse, cela va de soi, mais il y a quantité de manières d'obtenir des noirs chauds et vibrants. D'abord, on peut réchauffer le noir par l'addition du brun Van Dyck ou du brun de madder ou tout autre ton chaud ; mais il vaut mieux composer son noir ; pour cela, mélangez de l'indigo et du bleu de Prusse, du brun Van Dyck et une pointe de Sienne brûlée ; ajoutez enfin un soupçon de carmin et modelez avec la gouache. De la sorte, vous aurez un noir très velouté, les lumières y seront repiquées avec le même ton très étendu de gouache et un peu plus bleuté, mais souvent aussi l'on devra y ajouter du rose, du vert, etc..., selon le ton des reflets sur cette lumière. Les ombres, au contraire, seront accusées par le ton pur et franchement gommé dans les plus grandes intensités.

Les draperies claires s'exécutent plus transparentes et plus légères que les draperies foncées. Elles conviennent plus particulièrement aux portraits de jeunes femmes et d'enfants, faisant avec leurs tons de chair une harmonie plus agréable, alors que les couleurs sombres conviennent aux personnes plus âgées, dont elles font mieux ressortir les traits et le caractère.

Telles sont les bases des colorations générales, mais il nous faut examiner quelques étoffes et accessoires en détail, ceci ayant une importance trop grande pour ne point nous y arrêter, puisque ce sont les objets qui accompagnent toujours un portrait, et le font valoir conjointement avec le fond sur lequel ils doivent se détacher en parfaite harmonie.

Lorsque vous peignez d'après nature, vous devez obtenir de votre modèle qu'il porte en vue de son portrait tel ajustement de costume qui vous conviendra le mieux à vous, non à lui : sans doute l'accord entre le goût du modèle et la décision de l'artiste peut parfaitemen tse faire, mais en principe, ce n'est jamais l'artiste qui doit céder. En vain le modèle vous dira quelque parole flatteuse pour obtenir vos concessions, si vous jugez qu'un costume ne peut pas ou très difficilement tomber sous votre pinceau en harmonie avec le visage de la personne, ne cédez jamais, c'est là un point de la plus haute importance, car le caprice ou le goût, si vous aimez mieux, de votre modèle changera, tandis que votre portrait reste, et les récriminations passagères de votre première séance se changeraient plus tard en reproches amers sur votre faiblesse, à laquelle il n'est plus de remède, autre que la relégation du portrait quelque temps après. A vous donc de faire comprendre à l'amateur que votre avis est raisonné, basé sur les observations de l'expérience, et de lui démontrer, en approchant du visage quelque bout d'étoffe de la couleur de votre choix, que ce ton est le seul qui puisse convenir.

Si, par exemple, vous avez à peindre un portrait de femme brune, au teint mat et blanc, les étoffes roses ou vert pâle conviendront le mieux. Pour une blonde également au teint mat, le vert pâle et le bleu pâle devront être choisis. Pour ces sortes de natures, le jaune convient aussi, mais plus particulièrement lorsqu'on le met par places, soit avec des rubans au corsage, ou dans les cheveux bruns, parmi lesquels ils donnent une note lumineuse qui rehausse l'intensité de coloration des brunes.

Les étoffes blanches et les étoffes noires conviennent à tous les portraits de femmes ou d'enfants, dont elles font ressortir les colorations en vigueur, ce qui donne de l'animation, de la vie à un portrait.

Une étoffe de velours gros bleu conviendra parfaitement à une personne ayant un teint un peu coloré et des cheveux gris.

Pour se rendre compte d'ailleurs qu'une étoffe choisie sera bien en rapport avec le modèle et en fera valoir la physionomie, il suffit de l'approcher du visage et de bien vérifier s'il n'y a dans leur coloration respective ni une trop grande analogie ni une opposition saillante au point de donner de la crudité aux tons de l'un et de l'autre.

Tout d'abord, il nous faut distinguer entre les draperies et accessoires faits et ceux qui sont dits sacrifiés. J'ai dit qu'en fait de miniature une exécution soutenue et finie semble indispensable ; toutefois il nous a été donné de voir des œuvres de Chaplin, de Madeleine Lemaire, des peintres Reynolds et Rosalba Carriera dont le charme est infini et qui cependant sont enveloppées d'étoffes vaporeuses, et en partie à peine faites surtout à mesure que le pinceau s'écartait du visage. Ce sont là des exceptions que de tels maîtres seuls peuvent se permettre et qu'autorise un tempérament très spécial et, disons-le, très artiste. Mais, en principe, l'exécution des draperies et accessoires doit être aussi soignée que le reste, la *valeur* des tons seule doit laisser prédominer l'intensité de lumière et d'effet sur le visage.

On peut diviser les étoffes en quatre catégories, les soieries, les lainages, les velours, les étoffes transparentes.

Pour les soieries, il faut autant que possible éviter la gouache dans les à-plats de la teinte locale : on pose d'abord cette teinte locale, ainsi pour un satin bleu on composera un ton selon la nature de l'étoffe, soit de cobalt et vert émeraude soit d'outremer et de laque carminée et on l'étendra sur toute la partie à couvrir : on indiquera ensuite les demi-teintes et les ombres au moyen du même ton additionné d'indigo, et on repiquera les lumières à la gouache et au moyen de hachures ou de petites touches bien dans le sens de la lumière, en observant que ce qui distingue les soieries des autres étoffes, c'est l'intensité et le nombre des lumières : chaque cassure, chaque ondulation de l'étoffe présente une lumière ou un reflet. Toutefois, il ne faut pas faire les reflets de la même intensité que les lumières, et les considérer seulement comme des demi-teintes éclairées.

On traitera les lainages et les draps par une exécution en pointillé ou par petites touches losangées. Ici c'est la lumière qui est généralement la teinte locale, parce que les lainages étant de nature pelucheuse, cette lumière s'étend partout, mais en gamme grise seulement, sans grand éclat, les petites cavités formées par les peluches de l'étoffe conservant la lumière, ne la rejettent point en éclat brillant comme la soie ou le satin. On modèle ensuite les demi-teintes et les ombres, ces dernières dans la plus grande intensité possible. Soit une robe de lainage gris : on passera la teinte locale d'un ton de teinte neutre et de cobalt, une pointe de vert émeraude; et pour les demi-teintes, reprenant la même teinte, on forcera sur le gris de payne et pour les ombres on ajoutera du noir d'ivoire.

Les velours devront être traités par un travail plus large et la teinte locale obtenue par des hachures courtes et fermes : comme les lainages, les velours n'ont pas de grandes lumières, mais bien des reflets colorés. Soit une robe de velours vert, qu'on peut adopter pour les natures blondes et châtaines; on ébauchera la teinte locale d'un ton composé de bleu de Prusse et de jaune indien : pour un vert mousse, on ajouterait de la terre de Sienne brûlée : les demi-teintes seront composées de la teinte locale additionnée d'outremer : pour les ombres, forcer sur le tout en ajoutant du gris de payne.

On doit observer que, lorsque les velours forment un pli très marqué, se présentant pour ainsi dire en tranche aiguë, non en rouleau, comme cela est plus ordinaire, la lumière frise sur cette tranche et prend une intensité assez vive, sans cependant égaler les lumières qui se forment sur les étoffes de soie.

Les étoffes transparentes blanches sont de la couleur de l'étoffe ou des chairs sur lesquelles elles reposent : les blancs doivent être rehaussés en gouache, au moyen de hachures se croisant en losanges à l'endroit des plis de l'étoffe, de telle sorte que l'étoffe se détachant sur elle-même par suite des deux parties se recouvrant pour former un pli, l'épaisseur de ces deux étoffes, diminuant la transparence, arrive à donner un blanc. Pour ébaucher une draperie blanche, gaze, tulle ou autre, on aura donc trois tons : celui de l'étoffe ou objet sur lequel elle repose qui sera le ton d'ombre, des gris, participant de ce premier ton, soit sa décoloration à l'aide d'une addition d'eau et d'une couleur complémentaire ; par exemple, pour un tulle reposant sur une étoffe verte, le ton de vert ayant été obtenu au moyen de bleu de prusse et de jaune indien, le ton de demi-teinte sera donné par un gris formé de bleu de prusse, de jaune indien et de laque carminée, le vert et le rouge étant des couleurs complémentaires donnant toujours un gris et le plus fin. On modifiera la composition de ce gris en forçant sur l'une des trois couleurs de la composition du ton selon l'influence des reflets.

Enfin, le ton de la lumière qui se rehausse en gouache parfois teintée également sous l'influence des reflets des objets environnants.

Les fonds, dans un portrait, ont une telle importance pour faire valoir le visage que, si la réussite n'en dépend point complètement, on peut dire qu'ils y contribuent dans une proportion telle qu'il est indispensable d'en faire une étude toute spéciale. Léonard de Vinci a posé en principe que *le fond d'un portrait doit être plus clair du côté de la partie sombre de la figure, sombre du côté de la partie la plus éclairée*. Et en effet, ce principe a reçu son application presque chez tous les maîtres. On n'observe les fonds plats, qui ont du caractère, mais point de charme, que chez les peintres des écoles primitives, et c'est, croyons-nous, une erreur de notre temps, que de vouloir y revenir. Le fond d'une miniature peut être exécuté : 1° à la gouache, où l'on procèdera en commençant par les vigueurs ; sans gouache, surtout si la miniature a été exécutée entièrement à l'aquarelle pure ; et, dans ce cas, on ne doit point y introduire d'eau gommée, afin qu'il produise toujours un effet mat et que le portrait vienne bien en avant. Ce travail d'aquarelle pure pour les fonds est, il ne faut pas se le dissimuler, assez difficile, parce que les fonds occupant une certaine surface, le travail du pointillé y serait monotone, il faut donc procéder par hachures et petites teintes à plat, ce qui ne permet que très difficilement les vigueurs nécessaires.

Voici un procédé pratique dont on peut tirer un

excellent parti. On décolle la plaque d'ivoire du parchemin ou bristol d'envers, on le retourne, et l'on peint les fonds en transparence sur cet envers. L'ivoire étant très transparent, on n'éprouve aucune difficulté à suivre les contours de la figure, des mains et des vêtements. On peut aussi de cette façon peindre les fonds en gouache. Puis on retourne la plaque, on la remet sur sa doublure qu'on peut aussi teinter de la couleur locale du fond exécuté afin de le faire vibrer davantage; enfin, on passe quelques teintes légères sur le fond, à l'endroit, cette fois. Certains emploient le même procédé pour obtenir la teinte locale du visage. Disons-le, ce sont là des ficelles de métier, qui tiennent plutôt de la photo-miniature, distraction encore très charmante, il est vrai, que de la miniature, art véritable.

Le meilleur moyen de peindre les fonds est, croyons-nous, de mêler la gouache à l'aquarelle, c'est à coup sûr le plus artiste, puisqu'il donne au travail une grande liberté et se rapporte le mieux à ce que nous avons conseillé pour l'exécution du portrait lui-même. Répétons encore que dans ce cas comme dans les précédents, le fond ne doit pas être gommé, la matité du ton de fond étant nécessaire à donner de l'air autour du portrait.

V

DES PROCÉDÉS

V

DES PROCÉDÉS

LES FLEURS ET LE PAYSAGE

Tous les artistes sont d'accord pour repousser ce mot de procédé qui semble bannir l'observation de la nature au profit de quelques recettes apprises. Ainsi l'emploi du grattoir pour atténuer des teintes, remettre à nu le ton de l'ivoire pour obtenir des vibrations, est, évidemment, un procédé dont on ne saurait abuser. Mais il faut reconnaître que tout procédé, ou moyen d'exécution trouvé par l'auteur lui-même, devient un facteur d'originalité, et en cela nul ne saurait l'en blâmer. Le procédé du pointillé pour les chairs qui semble, ainsi que nous l'avons expliqué, fort naturel, n'est cependant pas obligatoire; en ceci, point de règle absolue; au cours du travail, vous modifierez, selon la nature du modèle, à votre insu parfois, sauf à vous dire ensuite : « Tiens, cela fait bien, je n'y avais pas encore songé, mais dorénavant j'emploierai ce moyen. » Et c'est presque toujours ainsi que se trouvent les meilleurs. Donc, le mieux est d'oublier le plus vite possible tous les procédés appris, et de ne garder par devers soi que ceux qui s'imposent et qui forment le fond du métier. Observer la nature, en recevoir une émotion sincère, rendre cette émotion du mieux possible, quels que soient les moyens employés, tel est, en somme, le but de l'art qui vous assure la ressemblance et toujours une ressemblance intelligente.

Bien que ce petit ouvrage soit spécial au portrait, je veux cependant dire quelques mots du paysage et des fleurs. Aussi bien quelques maîtres s'y sont spécialisés dont les œuvres ont acquis aujourd'hui la plus grande valeur, tels Van Blarenberghe avec ses paysages, ses ports, ses vues de villes, Van Huysum et les Spaendonck avec leurs médaillons de fleurs au fini merveilleux.

La fleur traitée en miniature demande plus de finesse encore que le portrait, parce qu'ici, c'est la volonté formelle de l'artiste de nous intéresser au détail par la précision qui décide en son esprit du choix de son procédé. S'il en était autrement, il adopterait l'aquarelle à la touche large, la peinture à l'huile aux puissants effets. Peint-il une coccinelle errante sur un pétale, on y trouvera les moindres taches, que dis-je, les fibrines mêmes de ses ailes, et si l'œil n'est point suffisant à les percevoir, la loupe en fera voir jusqu'aux moindres inflexions. Il en va de même pour le paysage : voyez les moindres personnages de Blarembergho, à quelque plan qu'ils se meuvent, ils vivent, respirent, s'agitent, et la physionomie de chacun est nettement déterminée.

Ainsi donc si les fleurs et le paysage peuvent être sacrifiés lorsqu'ils sont accessoires dans un portrait, ils doivent être d'une exécution irréprochable lorsqu'ils font le sujet de la miniature. Sans vouloir nous y arrêter longuement, disons cependant comment on procède pour la peinture des fleurs en général.

L'ébauche doit être faite à l'aquarelle à l'aide de tons extrêmement transparents, en commençant par le plus clair. On doit se rappeler que la fraîcheur des tons de la fleur exige la fraîcheur des tons employés. Ici, l'observation des valeurs ne saurait suppléer au charme des colorations, il faut donc attaquer franchement le ton juste de la lumière et, pour cela, l'essayer longuement sur le papier palette, car il faut en être dix fois sûr avant de l'appliquer sur le vélin ou l'ivoire. Lorsque la première teinte de lumière est sèche, on aborde les demi-teintes, puis les vigueurs. On peut atteindre une très grande vigueur dans les ombres par le travail des hachures.

L'ébauche dans la peinture des fleurs est d'autant plus importante qu'on peut difficilement revenir sur des dessous imparfaits. Sans doute, puisqu'il s'agit ici de miniature, on aura toujours la ressource des rehauts de gouache pour les lumières, des tons violents et gommés pour les ombres profondes. Mais, puisque ce sont là des ressources, il faut en user le plus modérément possible, en particulier pour la gouache qui ne doit donner pour ainsi dire que les accrocs de lumière, par de petites touches très fines.

De quelques tons. — Le blanc. La fleur la plus difficile à rendre est sans contredit la fleur aux tons blancs, comme le lys, certains volubilis, les œillets, etc., et cela d'autant plus que le blanc est la couleur qui reçoit le mieux les reflets environnants. Selon donc ces reflets, il faut préparer d'une teinte, à peine sensible bien entendu, de jaune, de rose ou de bleu, outremer ou cobalt. Pour le modelé, la teinte neutre employée très légère, rend de grands services.

Les fleurs bleues et violettes ont l'outremer pour base, c'est-à-dire pour teinte locale et générale; cependant le cobalt touché de laque de garance claire est nécessaire sur le bord lumineux de ces fleurs, dont les grandes vigueurs sont obtenues par l'outremer, le bleu minéral, parfois une pointe de noir ou de garance foncée. La laque carminée, le cobalt et l'outremer donnent un excellent violet. On trouve aussi des violets tout préparés dont l'usage est bon à la condition de les mélanger encore de bleu ou de laque. En y ajoutant une pointe de brun madder, on obtient un ton d'une très grande intensité.

Les tons rouges, le coquelicot, par exemple, s'obtiennent par le vermillon, le rouge de Saturne, le rose Carthame. Cette dernière couleur, dont on médit beaucoup puisque c'est une couleur d'aniline est cependant assez solide lorsqu'elle n'est pas employée seule. Dans les modelés des tons rouges, les laques de garance et le carmin jouent un rôle important; pour les demi-teintes, les bruns et même le noir d'ivoire seront employés pour les grandes vigueurs.

Pour les tons verts des feuilles, tiges, etc., on peut employer pour base un vert tout fait, le vert végétal, par exemple, pour les verts foncés; le vert véronèse pour les verts clairs, sauf à les modifier avec des jaunes, parfois une pointe de laque ou de teinte neutre, afin d'éviter toute crudité qui, dans ces tons, est plus désagréable encore que partout ailleurs. Nous ne croyons pas devoir nous étendre davantage sur l'exécution des fleurs et nous renvoyons le lecteur à notre traité d'aquarelle, où il trouvera de plus longs développements sur la composition des tons.

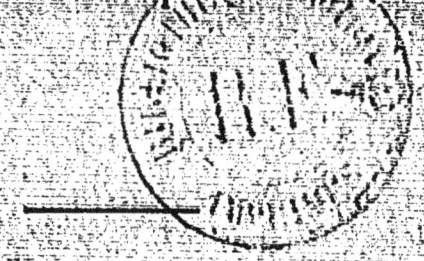

VI

DU PAYSAGE

VI

DU PAYSAGE

Il n'est pas d'usage aujourd'hui de présenter un portrait en miniature sur un fond de paysage, ainsi que l'a fait souvent l'école de 1830. Qui peut prévoir cependant si demain une telle présentation ne sera pas de mise? A voir le succès si justement mérité des délicats portraits à l'aquarelle de M. Boutet de Monvel, on serait tenté de le croire, étant donné en outre le goût très prononcé de l'école moderne pour les figures de plein air. Aussi, dans les indications que nous allons donner, on devra tenir compte de la décoloration des tons qui est plutôt à exagérer, plus encore, peut-être, que pour les fleurs et les accessoires. En effet, la distance naturelle est déjà plus grande, et il est bon de l'exagérer encore, le paysage qui sert de fond à un portrait devant être, non pas du domaine de la nature, mais de celui de l'imagination, c'est-à-dire qu'il doit être traité plutôt dans un sens purement décoratif. Il y faut donc employer une exécution simple, des à-plats presque monochromes, si l'on veut laisser toute l'importance à la tête, à laquelle il sert de rideau de fond, de véritable décor.

Toute autre doit être la miniature de paysage proprement dit, dans laquelle il n'entre que de minuscules personnages destinés à l'animer. Celle-ci doit être exécutée dans les tons les plus naturels, et aussi finement que possible.

Ceci dit, examinons la composition des principaux tons employés pour le paysage.

Du ciel. Le ciel est la plus grande difficulté dans un paysage accompagnant le portrait : en effet, foyer de lumière de tout le fond, il vient lutter de valeur lumineuse avec les lumières du visage, et rend ainsi toute distance presqu'impossible. Le ciel bleu demande une attention toute particulière, il n'y faut point employer le cobalt : l'outremer, l'indigo mêlés au blanc donnent un bleu plus gris, qui, tout en demeurant le foyer de lumière du fond, oblige le peintre à tenir le paysage dans une gamme plutôt décorative. Pour les mêmes motifs, le ciel gris est toujours préférable au ciel bleu, et c'est en exagérant cette catégorie que certains portraitistes n'ont pas craint de faire détacher leurs figures sur des ciels d'orage. Ceci est un non sens artistique, et toujours il serait déplaisant de voir la préciosité d'une miniature en saillie sur un ciel tourmenté, triste et par conséquent quelque peu dramatique.

Les lointains. L'outremer sert également de base à l'exécution des lointains qui participent beaucoup de la qualité de ton du ciel, mais pour les rendre opaques sur le ciel, il faut y ajouter du gris de payne, car, si vaporeux que soient les arrière-plans, ils forment masse recevant la lumière mais ne la reflétant pas, comme le ciel, et doivent par conséquent être peints avec solidité.

Les arbres et les terrains. La base générale du ton des masses de feuillages est presque toujours de bleu de Prusse, de jaune indien, une pointe de sienne brûlée, pour les parties ombrées ; mais on doit le plus souvent remplacer le bleu de Prusse par l'outremer dans les miniatures.

Le cobalt et l'ocre jaune donnent les verts bleus très légers des seconds plans et aussi des surfaces éclairées de certaines plantes qui occupent les premiers plans. Pour les troncs d'arbres, employer la sienne brûlée, le noir d'ivoire pour les tons bruns, le cobalt, le noir d'ivoire pour les tons gris du hêtre, du bouleau, une pointe de laque carminée donne le ton rosé des effets de soleil.

Les eaux. L'eau reflète le ciel et parfois ce reflet est si éclatant, que la valeur d'une rivière qui serpente au fond d'un paysage est plus lumineuse que le ciel lui-même. En ce cas, il faut réserver le ton de l'ivoire et le teinter seulement d'une eau légèrement colorée du ton du ciel. Pour tous autres renseignements, nous renvoyons le lecteur à nos traités spéciaux sur l'Aquarelle, la composition des tons d'un paysage étant la même en gouache qu'à l'aquarelle pure. Nous rejetons seulement ici que tout paysage accompagnant le portrait, doit être traité dans des gammes grises. Plus que partout ailleurs, les tons verts crus, les soleils couchants, les effets mouvementés doivent être proscrits avec soin, car ils tendraient non à faire valoir, comme ils le doivent, un portrait, mais à en amoindrir, à en tuer toutes les finesses.

On le voit, les règles qui régissent l'exécution des fleurs et du paysage sont à peu près les mêmes, et le sacrifice qui doit en être fait, lorsqu'ils accompagnent un portrait, s'impose dans la miniature comme dans tous les autres procédés. Pour délicate et précise que doit être cette exécution, il ne faut cependant jamais qu'elle prenne en valeur sur le portrait lui-même, qu'elle est destinée à faire valoir. Donc, à moins que votre modèle ne tienne à la main telle fleur que vous aurez choisie et sur laquelle viendra frapper directement la lumière, à moins que ce modèle ne s'appuie sur quelque balustrade ou autre détail d'architecture de meuble ou de paysage placé devant lui et par conséquent très en avant, très au premier plan de votre petit tableau, tous ces accessoires doivent être exécutés dans des gammes grises, si finement que ce soit, et cela même dans les lumières les plus accentuées. Enfin, et avant de terminer, nous voulons répéter encore que, quel que soit le sujet qu'il traite, l'amateur doit se bien pénétrer que si l'exécution d'une miniature est d'un travail tout spécial, il doit cependant chercher à y apporter toutes les observations de la nature et toute l'émotion qui constitue l'œuvre d'art grande ou petite. Quel que soit le côté de la lorgnette par lequel on regarde un portrait, un paysage, une peinture de fleurs, l'aspect général doit être le même, le dessin y doit éclater avec la même pureté, la touche y doit sembler aussi libre, aussi caractéristique. Dans un paysage en miniature, l'air doit circuler, comme les fleurs y exhaler leur parfum; il ne faut donc jamais que le métier, si habile qu'il soit, prenne plus d'importance que l'émotion artistique.

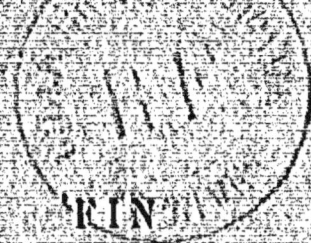

FIN

TABLE DES MATIÈRES

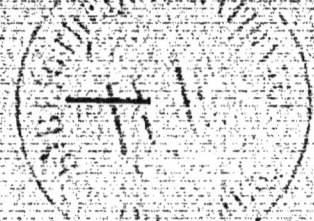

		Pages
I.	De la miniature.......................	7
II.	L'outillage du miniaturiste...........	17
	Les couleurs.........................	23
III.	De la gouache. — Travaux préliminaires.	29
IV.	Leçon générale pour l'exécution du portrait en miniature. — L'aquarelle et la gouache. — L'épargne. — Les hachures. — Le pointillé............	35
	Des draperies et des vêtements. — Des accessoires et des fonds.............	54
V.	Des procédés.........................	69
VI.	Du paysage...........................	77

Henri LAURENS, éditeur
6, Rue de Tournon, PARIS.

BIBLIOTHÈQUE
D'Enseignement pratique des Beaux-Arts

Par KARL ROBERT (Georges MEUSNIER)

Expert auprès des Tribunaux du département de la Seine
Officier de l'Instruction publique

PRIX DU VOLUME :

In-8° raisin, orné de nombreuses illustrations

6 FRANCS

FRANCO CONTRE MANDAT-POSTE

NOTE DE L'ÉDITEUR

Lorsque M. Karl Robert fit paraître la première édition du *Fusain sans maître*, il ne se doutait pas qu'au bout de quelques années ce livre aurait trouvé 22,000 lecteurs. Le succès de la *Bibliothèque d'enseignement pratique des Beaux-Arts*, que l'auteur a entreprise et poursuivie à notre demande, vient de son but essentiellement pratique, et de l'indépendance que l'auteur sait conserver, n'indiquant pas uniquement, comme on l'avait fait jusqu'à ce jour, sa manière personnelle ni celle de tel ou tel, mais puisant au contraire ses enseignements chez tous les artistes vraiment dignes de ce nom, les vrais maîtres du genre auquel on s'adonne.

C'est pour répondre à ce but que l'auteur, après l'examen technique et didactique des procédés, complète son livre par des *leçons écrites*, conduisant ainsi par la main l'amateur et l'élève à l'analyse d'une œuvre de maître en chacun de ses traités. Ajoutons que le succès de la collection est aussi dû à l'exécution matérielle des volumes confiée aux soins de MM. Protat frères, imprimeurs à Mâcon. Dans ces ouvrages tout est soigné, l'auteur ayant pensé, justement, croyons-nous, qu'un volume appelé à enseigner le beau doit lui-même être matériellement exécuté suivant les règles de l'Art.

Paris, 1892.   H. LAURENS.

1° LA PEINTURE A L'HUILE
(PAYSAGE)
TRAITÉ PRATIQUE ET COMPLET SUR L'ÉTUDE DU PAYSAGE
Interprété selon les maîtres anciens et modernes :

Hobbema, Ruysdael, Vernet, Corot, Daubigny, Th. Rousseau, J.-F. Millet

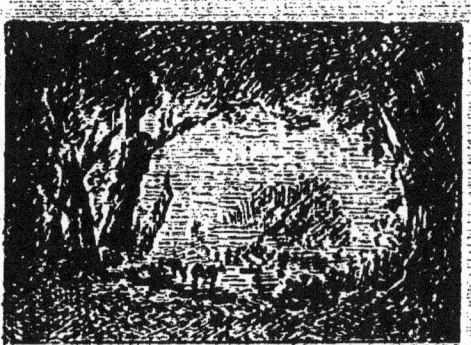

Coucher du soleil, d'après Th. Rousseau.

Division des Chapitres. — Avant-propos. — Du paysage en général. — Études préliminaires. — Le dessin et la perspective. — Le matériel d'atelier et de campagne. — Théorie des couleurs. — Qualités propres de chacune d'elles. — Les huiles et les essences. — De la palette. — De quelques mélanges. — Ce qu'on doit peindre à l'atelier. — La nature morte. — Le dessin et les valeurs. — La chambre claire. — Le miroir noir. — Les paysages. — Premières études d'après nature. — Le choix du motif. — De l'ébauche. — Du ciel. — Des terrains et des premiers plans. — Les eaux. — Manière de les peindre. — La rivière et la forêt. — Les fabriques, les montagnes et la mer, etc., etc.

2° LE PASTEL
TRAITÉ COMPRENANT
LA FIGURE & LE PORTRAIT, LE PAYSAGE & LA NATURE MORTE
avec figures dans le texte et référence de pastels en couleurs.

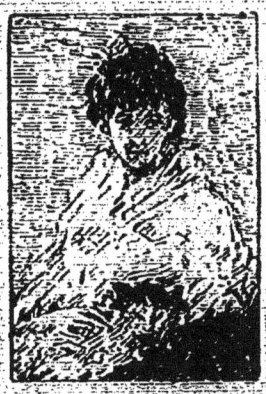

Portrait par Ch. Chapuis.

Division des Chapitres. — Avant-propos. — Du pastel. — Harmonie des couleurs. — Loi des couleurs complémentaires. — Du matériel. — Papiers et toiles. — Des pastels. — Mise en œuvre générale du pastel. — La grisaille. — La tête et le portrait. — Observations générales. — De la tête. — Essai d'après Andréa del Sarto. — Essai d'après Gleyre. — Essai d'après Jules Breton. — Paysanne. — Du paysage. — Le paysage d'après nature. — Au matin. — Plein soleil. — Pierre et roseaux. — Le soir. — La neige. — L'hiver. — De la nature morte. — Essai d'après Chardin. — La plume et le poil. — Draperies et accessoires. — Fleurs et fruits. — Conseils généraux pour le portrait d'après nature. — Du portrait d'homme. — Portrait de vieillard. — La jeune fille et l'enfant. — Les yeux. — De l'impression en général. — Conclusion.

3° L'ENLUMINURE DES LIVRES D'HEURES

Missels, Canons d'autels, Images pieuses et
Gravures, Souvenirs de première communion
et de mariage.

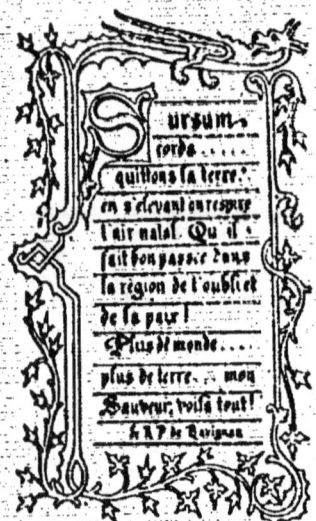

DIVISION DES CHAPITRES. — Avant-propos. — Précis de l'histoire de l'enluminure. — Du procédé des anciens. — Procédés modernes. — Installation et matériel. — Les parchemins. — Les vélins. — Les bristols et les papiers. — Les ivoirines. — Manière de tendre le vélin. — Les pinceaux. — Le brunissoir et la pointe à décalquer, agate et ivoire. — L'encre de Chine. — L'ox gall ou fiel de bœuf. — De la gomme ou de l'eau gommée. — La gouache. — Les couleurs. — De l'or et de l'argent. — Les ors et leur application. — Les ors à plat. — De l'or en relief. — Pâte à dorer. — Procédés divers. — Leçons écrites d'après d'Heures de Mlle Rabeau. — Paroissien de la Renaissance. — Le Livre d'Heures de Mlle Guilbert. — Canon d'autel, etc., etc.

4° L'AQUARELLE
(Figure, Portrait, Genre)

Avec leçons écrites d'après les estampes en couleurs des maisons
BOUSSOD-VALADON, etc.

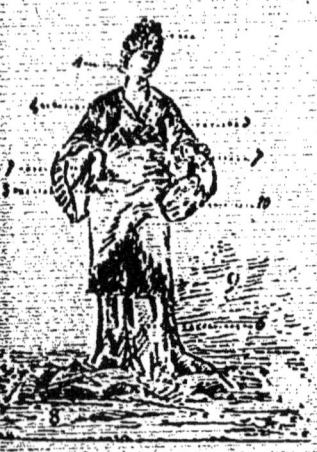

DIVISION DES CHAPITRES. — Avant-propos. — De l'aquarelle. — Études préliminaires. — Le dessin, les valeurs. — Théorie des couleurs. — Harmonie. — Loi des couleurs complémentaires. — Du matériel. — Les papiers. — Les blocs. — Manière de tendre le papier. — Les châssis. — Le stirator. — Crayons. — Pinceaux. — Godets, verres à eaux. — Palette. — Les couleurs. — Qualités et propriétés de quelques couleurs. — De quelques mélanges. — Les tons chauds et les tons froids. — Les mélanges. — De la nature morte. — Le lavis. — Les grandes teintes. — Premiers exercices. — De la copie. — Fleurs et fruits. — Leçons écrites. — Boutons d'or et coquelicots. — Oiseaux des îles. — Les inséparables. — Vulcain. — Paon du jour. — Pensées. — Framboises et groseilles. — De la grisaille. — La figure et le genre. — De la figure. — Au printemps. — L'hiver. — Il pleut, il pleut, bergère. — La gardeuse de dindons. — La charmeuse d'oiseaux. — A la fenêtre. — Pap'llon du soir. — Portrait. — Jeune fille à la pèlerine. — Jeune fille aux roses thé. — Le danseur, d'après Louis Leloir. — De la nature morte et des fleurs d'après nature. — Idée de la composition et de l'arrangement, etc., etc.

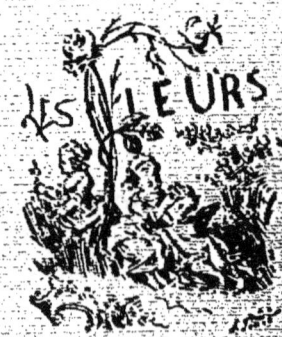

5° L'AQUARELLE
(Paysage)
TRAITÉ PRATIQUE ET COMPLET DU PAYSAGE A L'AQUARELLE
Avec leçons écrites d'après ALLONGÉ et E. CICERI,
avec planches en couleurs et croquis à interpréter à l'aquarelle
(5° Édition.)

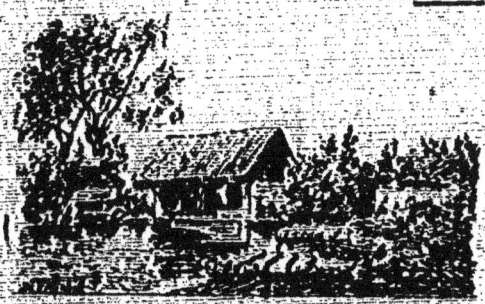

Le Lavoir, d'après Eugène Ciceri.

DIVISION DES CHAPITRES. — Avant-propos. — Études préliminaires. — Le dessin. — Du matériel. — Les couleurs. — Observations sur quelques couleurs. — Le papier. — Les pinceaux et les brosses. — De la palette. — Du matériel de campagne. — Leçon générale. — Ciels, terrains, arbres, etc. — Le ciel bleu moutonné de nuages blancs. — Ciels nuageux. — Ciels d'orage. — Des différents effets. — Les terrains. — Des fabriques. — Les eaux. — Les arbres. — Les lointains et les montagnes. — La mer. — Mer houleuse, ciel gris. — Effets d'orage. — Les rochers. — Du choix des modèles. — Leçons écrites. — Au bord de l'eau. — La ferme. — Le lavoir. — Clair de lune. — L'étude d'après nature. — Conclusion de quelques maîtres modernes. — Leçons supplémentaires : 1° le lavoir, 2° l'abreuvoir, d'après Louis Luigi. — Texte explicatif de M. E. Ciceri pour son cours d'aquarelle en 25 planches. — Ton appliqué à plat à grande teinte. — De la lumière et de l'ombre. — Des tons superposés. — Des tons juxtaposés. — Des ombres portées. — Études de pierres. — Les rochers. — Les montagnes. — Des plans tournants. — Étude d'arbres. — Clair de lune. — Étude du ciel par un temps gris. — Cour de ferme. — La forge. — Coucher de soleil. — Effet de neige. — Une vue à Montargis. — Étude de paysage. — Soleil couchant. — Le lavoir. — Un village. — Le château. — Clair de lune.

6° LA GRAVURE A L'EAU-FORTE
TRAITÉ PRATIQUE ET COMPLET
COMPRENANT LE PAYSAGE ET LA FIGURE

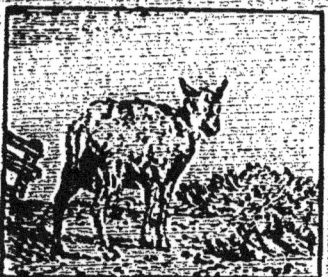

BERCHEM. — Moutons.

DIVISION DES CHAPITRES. — Caractère de la gravure à l'eau-forte. — Précis historique de la gravure en taille-douce. — Gravure sur métaux. — De l'outillage. — Les vernis. — Les cuivres. — Pointes et aiguilles. — Préparation de la planche. — Des calques, du report et du tracé. — L'acide nitrique. — La morsure, généralités. — Application. — Leçon écrite d'après Maxime Lalanne. — Généralités sur la morsure et l'exécution. — Du ciel. — Les fonds. — Premiers plans. — Le portrait et le genre. — Exécution d'un portrait, généralités. — Application. — Procédés divers. — Le vernis mou. — La pointe sèche. — La manière noire. — L'aquateinte. — L'eau-forte industrielle. — Procédé de l'héliogravure en taille-douce. — L'héliogravure aide de l'aquafortiste. — Le perchlorure de fer. — De l'impression. — Désignation. — État et qualité des épreuves.

7° LE FUSAIN SANS MAITRE

TRAITÉ PRATIQUE ET COMPLET SUR L'ÉTUDE DU PAYSAGE AU FUSAIN

Orné de 25 planches fac-similé d'après ALLONGÉ, APPIAN, LALANNE, LHERMITE, RIVOIRE, KARL ROBERT, etc.,

et nombreux dessins et croquis à interpréter au fusain.

(19° Édition.)

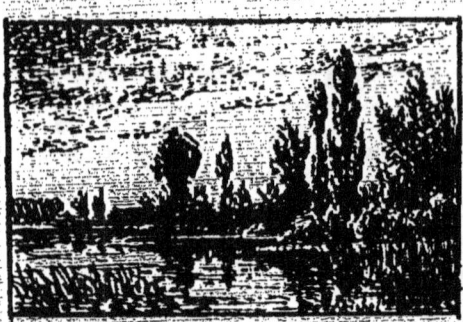

Interprétation au fusain des croquis à la plume.

DIVISION DES CHAPITRES. — Avant-propos. — Origine du fusain. — Du fusain appliqué à la figure, au paysage. — Matériel de l'atelier. — Le chevalet. — Le châssis, — Le stirator. — Les fusains. — Les papiers. — Estompes, tortillons, amadou, ouate, chiffons de toile et de laine, moelle de sureau, emploi et conservation de la mie de pain. — Le chiffon. — La mie de pain. — Le grattoir. — Le fixatif. — Du matériel de campagne. — Etudes et leçons. — L'étude d'après les maîtres. — Du choix des modèles. — Copies d'après la peinture. — Conseils préliminaires pour la copie des modèles. — Leçons écrites. — La nature. — Leçon générale. — Le ciel. — Les eaux. — Les terrains. — Les arbres. — Les fabriques. — Les montagnes. — Les rochers et la mer, les sables. — Le croquis au fusain. — Des diverses applications du fusain. — Des retouches après la fixation du dessin. — L'étude d'après nature.

8° LE MODELAGE & LA SCULPTURE

TRAITÉ PRATIQUE

contenant tous renseignements sur l'exécution en terre, marbre et terre cuite, opérations du moulage, etc.,

avec leçon écrite par François Rude.

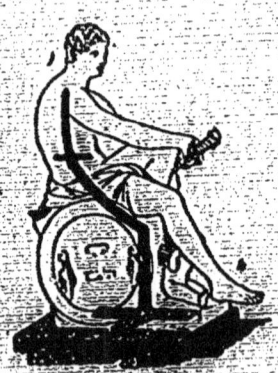

Armature d'une figure assise.

DIVISION DES CHAPITRES. — Avant-propos. — Du dessin et de la sculpture. — Matériaux et mise en œuvre. — L'esthétique du sculpteur. — Le moulage — Le moule. — Le modèle. — Le marbre. — Epannelage et mise au point. — Le bronze. — Glyptique : Camées, médailles et monnaies. — Esthétique du sculpteur. — Précis historique de la sculpture. — Résumé de l'histoire de la sculpture. — Art grec. — Conseils pratiques sur l'installation et l'outillage. — De l'atelier. — Du dessin et de l'anatomie. — Documents à l'usage du sculpteur. — Leçons écrites. — Le médaillon, le bas-relief. — Le buste. — La nature. — Enseignement de F. Rude. — Le médaillon et le bas-relief. — Le portrait et le buste. — De la figure et du groupe. — L'esquisse. — Le groupe. — La figure équestre. — La sculpture d'animaux. — Opérations pratiques du moulage. — Du moulage. — Du plâtre et de son emploi. — Le gâchage. — Moulage d'un médaillon et d'un bas-relief, d'un buste ou d'une statue. — De l'épreuve. — Moulage du buste et de la ronde bosse en général. — Le moulage sur nature. — Du moulage après décès. — De l'estampage et de la terre cuite. — Considérations sur la sculpture.

9° LA PHOTOGRAPHIE
AIDE DU PAYSAGISTE OU PHOTOGRAPHIE DES PEINTRES
RÉSUMÉ PRATIQUE

des connaissances nécessaires pour exécuter la Photographie artistique
PAYSAGE, PORTRAIT ET GENRE

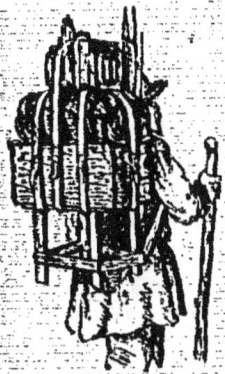

DIVISION DES CHAPITRES. — Avant-propos. — Formation de l'image. — Le négatif. — Couche sensible. — Emploi du gélatino-bromure d'argent. — Le négatif. — Le positif. — Virage et fixage. — Développement et fixage du cliché ou négatif. — Développement au fer. — Opérations du développement. — Renforcement. — Atténuation. — Fixage des clichés. — Le bain d'alun. — Consolidation de la gélatine. — Développement à l'acide pyrogallique. — Révélateur à l'hydroquinone. — Formules de développement. — Observations générales. — Les appareils. — La chambre noire. — L'objectif. — Les châssis. — Objectif. — Diaphragmes. — Obturateur. — Les appareils à la main. — L'appareil de poche. — Le positif. — Tirage, virage et fixage des épreuves. — Épreuves bleues au ferro-prussiate. — De la nature et de l'art. — Le choix du motif et le temps de pose. — Du temps de pose. — La composition et l'arrangement. — De l'effet et de la lumière. — Des premiers plans. — De la figure et des animaux dans le paysage. — Du portrait. — Des groupes.

Le touriste d'autrefois.

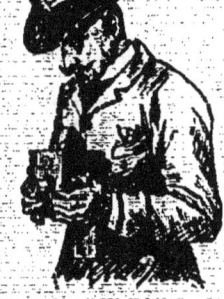

Touriste d'aujourd'hui.

10° LA PEINTURE A L'HUILE
(PORTRAIT ET GENRE)

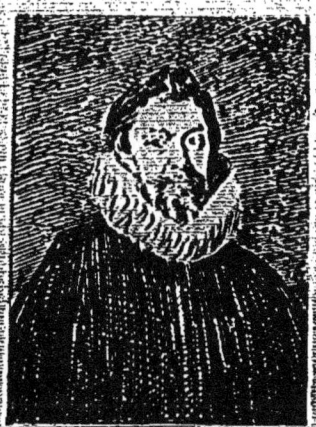

DIVISION DES CHAPITRES. — Avant-propos. — Du dessin et de l'anatomie. — Sensation de la couleur et des valeurs. — Les proportions du corps humain. — Atelier et matériel de l'artiste. — Les couleurs. — Les huiles et les essences. — Le pétrole. — Les siccatifs. — De la palette. — Du mélange des couleurs. — Différentes manières de peindre. — Frottis et glacis. — Les demi-pâtes. — En pleine pâte. — Premiers exercices d'après la bosse. — La grisaille et les camaïeux. — De la grisaille. — De la figure humaine. — La tête d'après nature. — Exemple et conseils pour une tête d'homme brun. — Manière de peindre une tête quelconque. — L'ensemble, conduite générale du travail. — Les yeux, le regard, l'oreille. — L'académie et le morceau d'étude. — Le portrait. — Généralités. — Le portrait d'après nature. — Règles de convenances dans l'attitude et le mouvement. — Le caractère des fonds et des accessoires. — De la composition d'un tableau. — Équilibre, unité, harmonie. — Du genre et de l'histoire. — L'épisode. — L'anecdote. — Le plein air. — Figures et animaux. — Les intérieurs, les fleurs, les fruits. — De la conservation des tableaux. — Leur nettoyage. — Réparation des cadres, etc., etc.

Portrait d'homme, par P.-P. RUBENS.

11° LA CÉRAMIQUE

TRAITÉ PRATIQUE DES PEINTURES VITRIFIABLES

PORCELAINE — FAÏENCE — BARBOTINE

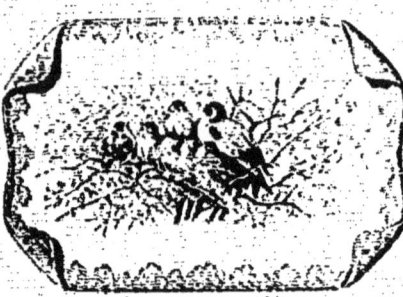

Plat à fruits, d'après GIACOMELLI.

DIVISION DES CHAPITRES. — Avant-propos. — Faïences et porcelaines. — Aperçu général historique. — Porcelaines. — Études préliminaires. — Division géométrique des circonférences et des vases. — Application. — De l'outillage. — Les couleurs. — Décoration de la porcelaine dure. — Généralités. — Quelques mots sur la porcelaine tendre, les biscuits et la terre de pipe. — Porcelaine tendre. — De l'exécution. — Décalque. — Trait. — Mise en place des fonds et de la dorure. — Des fonds. — Des fonds au feu de moufle ordinaire sur porcelaine dure. — Généralités sur la peinture en porcelaine. — Grisailles et camaïeux. — De la décoration. — Leçon écrite. — Composition d'un plat de porcelaine. — Les divers modes de décoration des porcelaines. — La figure et le portrait. — Des figures décoratives et de l'ornement. — Du paysage. — La faïence. — De la décoration. — De la cuisson. — La barbotine. — Barbotine de porcelaine. — Sous couverte. — En imitation de peinture à l'huile. — Barbotine de terre peinte et vernie.

12° EN PRÉPARATION :

LE DESSIN

ET SES APPLICATIONS PRATIQUES

AUX TRAVAUX D'ART ET D'AGRÉMENT

LE CROQUIS DE ROUTE

ET LA POCHADE D'AQUARELLE

AUX SIX COULEURS FONDAMENTALES

Orné de 44 dessins dans le texte, d'après croquis d'artistes, et aquarelles originales, de deux planches en couleur, est un petit traité d'aquarelle spécialement destiné aux touristes ; la méthode, simplifiée et ramenée à l'emploi des six couleurs fondamentales fixes, y est présentée d'une façon claire et précise. En l'étudiant un peu, durant l'hiver, nul doute que l'amateur puisse rapporter d'excellents souvenirs de voyage. — Prix : 2 fr.

PETITE BIBLIOTHÈQUE ILLUSTRÉE
DE L'ENSEIGNEMENT PRATIQUE DES
BEAUX-ARTS

Publiée par et sous la direction de M. KARL ROBERT,
Officier de l'Instruction publique.

Prix du volume : 1 fr. 50

1re Série

1 *Les procédés du vernis Martin.*
    Avant-propos. — Des vernis en général. — Nature et préparation des bois. — Des fonds et de la dorure. — De l'aventurine. — Des formes et des sujets à peindre.

2 *La Peinture sur émail. — Les Émaux de Limoges.*
    Description. — Des différents genres d'émaux. — Émaux translucides. — Les émaux peints. — Outillage. — De la peinture sur émail. — Les émaux de Limoges. — Émaux de Limoges colorés.

3 *L'Aquarelle (paysage).*
    Son origine. — Son caractère propre. — Des valeurs. — Des moyens et de la palette. — Leçon générale. — Conclusion de quelques maîtres modernes.

2e Série

4 *Traité pratique de la Miniature.*
5 *Les Peintures à la gouache.*
    Peinture des manuscrits, Enluminure ancienne et compositions modernes.
6 *Traité pratique des peintures sur étoffes, velours, soie, gaze, etc.*

POUR PARAÎTRE PROCHAINEMENT :

3e Série

7 *Les derniers procédés de la Photo-miniature.*
8 *L'imitation des tapisseries anciennes, verdure, sujets pastoraux, divers.*
9 *Éléments de la perspective pratique.*

4e Série

10 *La Céramique d'imitation.*
    Barbotine à froid, Émaillage athénien, Céramique orientale.
11 *Peinture et Gravure sur verre. — Imitation des vitraux.*
12 *La Sculpture sur bois.*

Revue Pratique
de l'enseignement
DES BEAUX-ARTS

(Format in-4° raisin (25 × 33))

Paraissant le premier de chaque mois

ET PUBLIÉE SOUS LA DIRECTION DE

M. KARL ROBERT

Officier de l'Instruction publique

AVEC LE CONCOURS DE MM.

A. KELLER	G. MOREL
Professeur à l'École normale d'Auteuil, Officier de l'Instruction publique	Professeur à l'École des Beaux-Arts de Rouen

ET DES PRINCIPAUX ARTISTES DE PARIS

TEXTE & DESSINS

Comprenant tous Documents utiles aux différents genres de Dessin et de Peinture, savoir :

PEINTURE À L'HUILE ET SES APPLICATIONS SUR ÉTOFFES	PASTEL ET GOUACHE
CÉRAMIQUE D'IMITATION DITE « BARBOTINE A FROID »	ENLUMINURES DE STYLE ET ENLUMINURES MODERNES
VERNIS MARTIN, ETC.	DESSINS AU FUSAIN, CROQUIS RAPIDES
AQUARELLE ET MINIATURE	DESSINS POUR PROCÉDÉS DE REPRODUCTION, ETC.
IMITATION DES TAPISSERIES ANCIENNES	OUVRAGES DE DAMES
FLEURS ET PEINTURE DE FLEURS	FANTAISIES SE RATTACHANT AUX « ARTS DE LA FEMME »
APPLICATIONS DÉCORATIVES	TRAVAUX D'AMATEURS

ENSEIGNEMENT SCOLAIRE DU DESSIN
PROGRAMMES ET CONCOURS

PRIX DE L'ABONNEMENT :
Paris et départements : **15** francs. — Union postale : **18** francs.

ON SOUSCRIT AUX BUREAUX DE L'ADMINISTRATION
27, RUE SAINT-AUGUSTIN, PARIS
Et dans tous les Bureaux de poste.

RECUEILS DE MODÈLES

CROQUIS D'APRÈS LES MAITRES

pour servir

de Modèles pour Travaux artistiques

dessinés et classés

Par L. LIBONIS

Ire SÉRIE.
   Figure. — Sujets religieux. — Scènes de genre. — Types, etc.

IIe SÉRIE.
   Ornement. — Style. — Décoration.

IIIe SÉRIE.
   Paysage. — Animaux. — Fleurs. — Marine. — Nature morte.

CHAQUE SÉRIE FORME UN ALBUM IN-8° CARTONNÉ
CONTENANT PLUS DE 100 SUJETS TIRÉS EN TEINTES

Chaque album : 6 fr.

ENVOI FRANCO CONTRE MANDAT-POSTE

L'ART DE COMPOSER

ET DE PEINDRE

L'Éventail — L'Écran
Le Paravent

Texte et Illustrations

DE G. FRAIPONT

PROFESSEUR A LA LÉGION D'HONNEUR

UN BEAU VOLUME IN-4 CARRÉ

AVEC 16 PLANCHES EN COULEURS ET 100 AUTRES GRAVURES EN TEINTE OU EN NOIR

dans le texte ou hors texte

Prix : 20 francs.

ENVOI FRANCO CONTRE MANDAT-POSTE

La Revue Pratique
DE L'ENSEIGNEMENT
DES BEAUX-ARTS

(Format in-4° de 12 pages)

PUBLIÉE SOUS LA DIRECTION DE

M. KARL ROBERT
Officier de l'Instruction publique

AVEC LE CONCOURS DE MM.

A. KELLER	G. MOREL
Professeur à l'École normale d'Auteuil.	Professeur à l'École des Beaux-Arts de Rouen

ET DES PRINCIPAUX ARTISTES DE PARIS

ANNÉE 1892-1893.

Chaque numéro contient de nombreux dessins et des leçons écrites sur : 1° Les matières du programme de l'examen de dessin pour le brevet du 1er degré dit examen de seize ans, enseignées par la perspective pratique et le dessin à main levée des objets usuels. Les examens de l'Enseignement supérieur du dessin ; 2° L'académie du paysage d'après les maîtres ; 3° Les dessins d'illustration, crayon, plume, emploi des papiers procédés ; 4° Cours spécial d'enluminure et de calligraphie ancienne par M. le Professeur Foucher ; 5° Cours de peintures en émail, céramique, Vernis-Martin ; 6° Les arts d'imitation : Photominiature, — Émaillage athénien, — Céramiques dites orientales et peinture-émail sur terre biscuitée, barbotine à froid ; 7° L'art de faire un portrait en miniature ; 8° L'art des croquis enseigné par des exemples variés, paysages, figures, animaux ; 9° Modèles, grandeur de page, pour écrans, éventails, paravents et toutes peintures décoratives sur étoffes ; 10° Programmes et concours, nouveautés artistiques, — Informations, — Correspondance.

La Revue pratique de l'Enseignement des Beaux-Arts résume donc aussi complètement que possible ce desideratum artistique pour la jeunesse : joindre l'utile à l'agréable, et donne toutes facilités pour les examens de dessin, tous documents pour les travaux d'amateurs.

PRIX DE L'ABONNEMENT :

Un an : France, **15** francs. — Union postale, **18** francs.

ON SOUSCRIT AUX BUREAUX DE L'ADMINISTRATION
27, RUE SAINT-AUGUSTIN, PARIS
Et dans tous les Bureaux de poste.

(Envoi du spécimen, numéro Bijou, rédaction illustrée au quart de l'original, franco sur demande.)

EN VENTE

CHEZ LES PRINCIPAUX MARCHANDS DE COULEURS

FIXATIF MEUSNIER

Le FIXATIF MEUSNIER, absolument incolore, est le seul qui fixe les dessins et fusains d'une manière complètement inaltérable. — Il s'applique également à la fixation directe et indirecte.

Le litre		8	»
Le flacon de 400 grammes		4	»
— 150 —		1	50
— 75 —		»	75
— 50 —		»	50

FUSAIN DES ARTISTES (R. G. M.)

1° *Décorateur*, belle qualité, en forts bâtonnets de 17 cent. de long, la boîte 1 50
2° *Fusain des Artistes R. G. M.*, velouté noir, la boîte 1 50
3° *La Mignonnette*, même qualité, très fin .... — 1 50
4° *Vénitien naturel*, velouté noir et ferme .... — 1 50
5° *Bois noir naturel*, velouté noir et doux .... — 1 50
6° *Saule trié* .... — 1 50

Tous nos fusains, extra et de première qualité, sont livrés en boîtes blanches glacées, à filet d'or, et portent la marque : FUSAIN DES ARTISTES R. G. M.

Nota. — Ces marques et désignations : *Fusain des artistes R. G. M.* et *Mignonnette*, sont propriétés exclusives ; elles ont été déposées conformément à la loi. Tout contrefacteur sera rigoureusement poursuivi.

www.ingramcontent.com/pod-product-compliance
Lightning Source LLC
Chambersburg PA
CBHW070308230526
45470CB00002B/781